U0266327

四川省工程建设地方标准

四川省建设工程造价电子数据标准

Electronic Data Standard for Cost of Construction Projects in Sichuan Province

DBJ51/T048 – 2015

主编单位： 四川省建设工程造价管理总站
批准部门： 四川省住房和城乡建设厅
施行日期： 2016年1月1日

西南交通大学出版社

2015 成 都

图书在版编目（CIP）数据

四川省建设工程造价电子数据标准 / 四川省建设工程造价管理总站主编. —成都：西南交通大学出版社，2015.12

（四川省工程建设地方标准）

ISBN 978-7-5643-4380-4

Ⅰ. ①四… Ⅱ. ①四… Ⅲ. ①建筑造价管理－数据－标准－四川省 Ⅳ. ①TU723.3-65

中国版本图书馆 CIP 数据核字（2015）第 261783 号

四川省工程建设地方标准

四川省建设工程造价电子数据标准

主编单位　四川省建设工程造价管理总站

责任编辑	杨　勇
封面设计	原谋书装
出版发行	西南交通大学出版社 （四川省成都市金牛区交大路 146 号）
发行部电话	028-87600564　028-87600533
邮政编码	610031
网　　址	http: //www.xnjdcbs.com
印　　刷	成都蜀通印务有限责任公司
成品尺寸	140 mm × 203 mm
印　　张	4.25
字　　数	105 千字
版　　次	2015 年 12 月第 1 版
印　　次	2015 年 12 月第 1 次
书　　号	ISBN 978-7-5643-4380-4
定　　价	33.00 元

各地新华书店、建筑书店经销

图书如有印装质量问题　本社负责退换

版权所有　盗版必究　举报电话：028-87600562

关于发布四川省工程建设地方标准《四川省建设工程造价电子数据标准》的通知

川建标发〔2015〕597号

各市州及扩权试点县住房城乡建设行政主管部门，各有关单位：

由四川省建设工程造价管理总站主编的《四川省建设工程造价电子数据标准》，已经我厅组织专家审查通过，现批准为四川省推荐性工程建设地方标准，编号为：DBJ51/T048－2015，自2016年1月1日起在全省实施。

该标准由四川省住房和城乡建设厅负责管理，四川省建设工程造价管理总站负责技术内容解释。

四川省住房和城乡建设厅

2015年8月24日

前　言

为了建立全省统一的建筑工程造价数据标准，克服不同的工程计价软件采用不同的数据加密方式以及数据异构造成共享造价成果数据的困难，实现计价软件与造价成果数据的分离，方便建设、设计、施工、监理和造价咨询单位之间能够进行有效的数据交换，促进我省建设工程造价数据资源的科学积累和有效利用。根据四川省住房和城乡建设厅《关于下达四川省工程建设地方标准〈四川省建设工程造价电子数据标准〉编制计划的通知》（川建标发〔2015〕367号）要求，由四川省建设工程造价管理总站、成都鹏业软件股份有限公司和中国建筑西南设计研究院有限公司，共同编制了本标准。

本标准在编写过程中，编制组进行了广泛的调查研究，充分考虑了我省现阶段建设工程造价工作的实际情况，并征求了有关造价咨询单位、计算机辅助评标软件公司、工程计价软件公司、行业相关主管部门的意见，同时参考了国内部分省市的相关标准。

本标准内容共分8个章节，主要内容包括：总则、术语、基本规定、建设项目数据、单项工程数据、单位工程数据、数据字典、数据结构。

本标准由四川省住房和城乡建设厅负责管理，四川省建设工程造价管理总站负责具体技术内容的解释。执行过程中如有意见和建议，请寄送四川省建设工程造价管理总站（地址：成都市星辉东路8号，邮政编码：610081，电话：028-83373994，传真：028-83335111），以便修订时参考。

本标准主编单位：四川省建设工程造价管理总站

本标准参编单位：成都鹏业软件股份有限公司

中国建筑西南设计研究院有限公司

本标准主要起草人员：杨　搏　张宗辉　程万里　胡元琳

张　鹏　梁　俊　唐世进　黄万松

杜　彬　袁春林　王　战

本标准主要审查人员：文代安　齐胜魁　陈文宇　陶学明

杨火安　赖建东　葛继杰

目　次

Contents

1 总 则

1.0.1 为建立全省统一的建设工程造价电子数据标准，实现建设工程项目全过程的工程造价数据能在不同计算机应用系统中进行有效的、无缝的数据识别、转换，为计算机辅助评标提供统一的电子数据标准，实现建设、施工、造价咨询和招标代理企业之间的资源共享，制定本标准。

1.0.2 本标准依据国家标准《建设工程工程量清单计价规范》GB50500、《四川省建设工程工程量清单计价定额》及其相关的计价依据进行编制。

1.0.3 本标准适用于我省行政区域内开发与应用的建设工程计价软件和电子辅助评标软件。

1.0.4 四川省行政区域内建设工程计价软件和电子辅助评标软件的开发与应用除符合本标准外，尚应符合国家及四川省现行有关标准的规定。

2 术 语

2.0.1 工程造价 project cost

工程项目在建设期预计或实际支出的建筑安装工程费用。

2.0.2 建设项目 construction project

按一个总体规划或设计进行建设的，由一个或若干个互有内在联系的单项工程组成的工程总和。

2.0.3 单项工程 single construction

具有独立的设计文件，建成后能够独立发挥生产能力或使用功能的工程项目。

2.0.4 单位工程 unit construction

具有独立的设计文件，能够独立组织施工，但不能独立发挥生产力或使用功能的工程项目。

2.0.5 工程量清单 bills of quantities

载明建设工程分部分项工程项目、措施项目、其他项目的名称和相应数量以及规费、税金项目等内容的明细清单，简写为BQ。

2.0.6 已标价工程量清单 priced BQ

构成合同文件组成部分的投标文件中已标明价格，经算术性错误修正（如有）且承包人已确认的工程量清单，包括其说明和表格。

2.0.7 分部工程 parts of construction

分部工程是单项或单位工程的组成部分，是按结构部位、路段长度及施工特点或施工任务将单项或单位工程划分为若干分部的工程。

2.0.8 分项工程 kinds of construction

分项工程是分部工程的组成部分，是按不同施工方法、材料、工序及路段长度等将分部工程划分为若干个分项或项目的工程。

2.0.9 措施项目 preliminaries

为完成工程项目施工，发生于施工准备和施工过程中的技术、生活、安全、环境保护等方面的项目。

2.0.10 工程量 engineering quantity

是指以物理计量单位或自然计量单位表示的工程数量。

2.0.11 消耗量 consumption

在正常施工条件下，完成规定计量单位的建筑安装产品工程量所消耗的工日数量、各类材料的数量以及施工机械台班的数量。

2.0.12 其他项目费 sundry cost

指工程量清单计价中，除分部分项工程费和措施项目工程费之外的其他工程费用，包括暂列金额、专业工程暂估价、计日工和总承包服务费等。

2.0.13 暂列金额 provisional sum

招标人在工程量清单中暂定并包括在合同价款中的一笔款项。用于工程施工合同签订时未确定或不可预见的材料、工程设备、服务的采购，施工中可能发生的工程变更、合同约定调整因素出现时的合同价款调整以及发生的索赔、现场签证确认等的费用。

2.0.14 暂估价 prime cost sum

招标人在工程量清单中提供的用于支付在施工过程中必然发生但暂不能确定价格的材料、工程设备的单价以及专业工程的金额。

2.0.15 计日工 dayworks

在施工过程中，承包人完成发包人提出的工程合同范围以外的零星项目或工作，按合同中约定的单价计价的一种方式。

2.0.16 总承包服务费 main contractor’s attendance

总承包人为配合协调发包人进行的专业工程发包，对发包人自行采购的材料、工程设备等进行保管以及施工现场管理、竣工资料汇总整理等服务所需的费用。

2.0.17 安全文明施工费 health, safety and environmental provisions

按照国家法律、法规、标准等规定，为保证安全施工、文明施工，保护现场内外环境和搭拆临时设施等所采用的措施而发生的费用。

2.0.18 规费 statutory fee

按国家法律、法规规定，由省级政府或省级有关权力部门规定施工企业必须缴纳的，应计入工程造价的费用。

2.0.19 税金 tax

按国家税法规定的应计入建筑安装工程造价内的税赋。

2.0.20 需评审的材料及设备 need to appraisal the main materials and equipment

为保证清单项目必需的实体消耗和工程质量为目标，招标人在招标文件中明确，需对品种、规格、质量档次等必要信息及其在分部分项清单中的消耗量和单价进行评审的材料及设备。

2.0.21 XML 标记语言 extensible markup language

XML 是由万维网协会设计编制的一种可扩展的标记语言，它是一种应用程序之间交换结构化数据的开放式有效机制，即 XML 能够在不同的用户和程序之间交换数据，而不论其平台如何。

3 基本规定

3.0.1 本标准适用的工程数据类型包括设计概算、施工图预算、招标工程量清单、招标控制价、投标报价和竣工结算等。

3.0.2 金额类属性，未特别说明的，应以“元”为单位。

3.0.3 数据类型、工程专业、工程类别、工程概况、分部工程特征、费用类别、费用变量、清单类别、定额专业类别、材料供应方式、工料机类别和工料机指标类别所需采用的具体编码或变量应符合本标准第7章的规定。

3.0.4 计算公式由费用变量、行变量、费率、数字、四则运算符号和小括号组成，应符合以下规定：

1 计算公式必须符合四则运算优先级；

2 费用变量：应符合本标准表7.7.1及表7.7.2规定的变量；

3 行变量：由字母（A～Z）和数字（0～9）组成，且由字母开头，字母不区分大小写，行变量不应出现重复定义的情况；

4 费率：固定变量；

5 计算公式应符合费用计算逻辑要求，不应出现变量循环引用的情况。

3.0.5 费率值单位应为百分比。计算公式中未引用“费率”的，费率值应为0。

3.0.6 数值类属性涉及保留 *n* 位小数的，应采用四舍五入规则。

3.0.7 甲供材料指在建设项目中由甲方提供的材料。

3.0.8 材料招标编码，在需评审的材料及设备汇总与暂估价材料明细中应是唯一招标编码，并且与唯一的材料代码相关联。

3.0.9 本标准中的编码、变量及数据字段等采用相应的命名规则。

3.0.10 本标准的数据交换格式采用国际标准的可扩展标记语言 XML（Extensible Markup Language）描述建立。

3.0.11 合法的 XML 文件应符合本标准 XSD 文件规定。

3.0.12 XML 文件结构应符合以下规定：

1 文件头使用“UTF-8”。在使用其他字符集创建文件后，应将文件头修改为“UTF-8”，否则不能被正确读取。

2 工程造价电子数据标准 XML 数据文件应是由 XML 1.0（Second Edition）规范确定的一个合法的 XML 文件。工程造价电子数据标准 XML 数据文件应使用 Unicode 代码字符集作为文件数据编码。工程造价电子数据标准 XML 数据文件文件头必须是：<?xml version = "1.0" encoding = " UTF-8" >。

3 工程造价电子数据标准 XML 数据文件中的必选数据元素和可选数据元素只能包含本标准中定义的属性。

4 标准接口文件中的内容，必须符合标准的 XML 语法规定。特别指出：XML 语法保留字（ <， >， &， " ）要生成相应的转义符（ < 生成<, > 生成>，& 生成 &， " 生成” ）；“回车符”、“换行符”等不可见的控制符时，应原样生成，以保持文本的原来显示格式。

3.0.13 采用本标准生成的电子数据文件必须采用 ZIP 格式压缩，数据文件的扩展名必须采用“.cjz”，不区分清单计价和定额计价，且应符合以下规定：

1 本标准的建设项目数据为独立的 XML 文件，文件名称命名为:“Project”;

2 单项工程数据和单位工程数据分别存储为独立的 XML 文件，以“@_”符号作为文件名称的前缀和其他字符组成的字符串命名，名称不应重复;

3 依据本标准生成的数据文件，应对“Project”及所有以“@_”做文件名称前缀的文件进行签名，生成的签名文件必须命名为“_Sign_.dat”。

4 建设项目数据

4.1 一般规定

4.1.1 建设项目数据应包括建设项目信息、工程总信息、系统信息、编制说明、定额综合单价计算程序、工程造价汇总、需评审的材料及设备汇总、工程数据结构、工程附加文件索引。

4.1.2 工程总信息中的招标信息、投标信息或结算信息应依据不同的工程数据类型选择描述，应符合以下规定：

1 数据类型为招标工程量清单、招标控制价时，应对招标信息进行描述，不应描述投标信息、结算信息，可对其他信息进行描述；

2 数据类型为投标报价时，应对招标信息、投标信息进行描述，不应描述结算信息，可对其他信息进行描述；

3 数据类型为竣工结算时，应对结算信息进行描述，不应描述招标信息、投标信息，可对其他信息进行描述；

4 其他数据类型，不应对招标信息、投标信息、结算信息进行描述。

4.2 建设项目信息

4.2.1 建设项目信息描述的数据内容应符合表 4.2.1 的规定。

表 4.2.1　建设项目信息描述

序号	变量名称	数据类型	必填项	备注
1	项目编号	xs:string	是	应为工程项目的项目编号
2	项目名称	xs:string	是	应为工程项目的项目名称
3	标段名称	xs:string	是	应为工程项目的标段名称
4	建设单位	xs:string	是	应为建设单位名称
5	工程地点	xs:string	是	—
6	工程规模	xs:string	是	房屋建筑工程描述建筑面积；市政道路工程描述道路长度、宽度；其他工程按相应的工程规模描述
7	标准名称	xs:string	是	必须是“四川省建设工程造价电子数据标准”
8	版本号	xs:string	是	必须是“1.0”
9	计价方式	xs:string	是	必须是“清单计价”或“定额计价”
10	数据类型	xs:integer	是	描述工程项目数据类型编码，应符合本标准表 7.1.1 规定的编码
11	清单计价规则	xs: string	是	描述当前单位工程编制所采用的清单计价规则，如：国标 2013 清单规范
12	定额计价规则	xs: string	是	描述当前单位工程组价所采用的定额计价规则，如：四川 2015 定额

4.3　工程总信息

4.3.1　工程总信息应包括招标信息、投标信息、结算信息及其他信息。

4.3.2 工程总信息描述的数据内容应符合表 4.3.2 的规定。

表 4.3.2 工程总信息

序号	变量名称	数据类型	必填项	备注
1	企业组织机构代码	xs:string	否	应为投标单位的企业组织机构代码
2	造价咨询人	xs:string	否	应为工程项目的中介机构或造价咨询单位名称
3	造价咨询人法定代表人或其授权人	xs:string	否	—
4	编制人	xs:string	是	—
5	复核人	xs:string	否	—
6	审核人	xs:string	否	—
7	编制日期	xs:date	是	描述为工程文件的编制日期，格式应为 YYYY-MM-DD

4.3.3 招标信息应包括招标信息、招标参数及其他参数，且应符合以下规定：

1 数据类型为招标工程量清单、招标控制价、投标报价时，应对招标信息节点及属性进行描述，为其他数据类型时，不应对招标信息节点进行描述，招标信息描述的数据内容应符合表 4.3.3-1 的规定；

表 4.3.3-1 招标信息

序号	变量名称	数据类型	必填项	备注
1	招标人	xs:string	是	描述招标单位名称
2	招标人法定代表人或其授权人	xs:string	否	—

续表 4.3.3-1

序号	变量名称	数据类型	必填项	备注
3	招标代理机构	xs:string	否	描述招标代理机构单位名称
4	招标工期	xs:string	是	应为工程建设项目招标工期，单位为日历天
5	招标控制价	xs:decimal	是	应为建设项目的招标控制总价

2 数据类型为招标工程量清单、招标控制价，应对招标参数节点及属性进行描述，为其他数据类型时，不应有招标参数节点，招标参数描述的数据内容应符合表 4.3.3-2 的规定；

表 4.3.3-2 招标参数

序号	变量名称	数据类型	必填项	备注
1	评标办法	xs:integer	是	描述工程项目评标办法，应为 1 或 2: 1 = 经评审的最低投标价法 2 = 综合评估法
2	单价遗漏项总价最高百分比	xs:decimal	是	应符合现行有关规定
3	A 类分部分项为不平衡报价百分比	xs:decimal	是	应符合现行有关规定
4	B 类分部分项为不平衡报价百分比	xs:decimal	是	应符合现行有关规定
5	措施项目为不平衡报价百分比	xs:decimal	是	应符合现行有关规定
6	不平衡报价总价最高百分比	xs:decimal	是	应符合现行有关规定
7	总承包服务费计取方式	xs:integer	是	描述总承包服务费的计取方式 1 = 按招标人指定项目的费率方式计取 2 = 按招标人指定项目的金额方式计取

续表 4.3.3-2

序号	变量名称	数据类型	必填项	备注
8	规费计取方式	xs:integer	是	设定规费的计取方式 1 = 按投标人取费证计取 2 = 按招标人指定规费费率计取 3 = 按招标人指定规费金额计取

注：1　A 类分部分项为不平衡报价百分比指的是分部分项工程量清单项目被视为不平衡报价时，综合单价低于或高于招标控制价相应项目综合单价的百分比值；

2　B 类分部分项为不平衡报价百分比指的是当综合单价项目的报价与投标人采取的施工方式、方法（如土石方的开挖方式、运输距离，回填土石方的取得方式及运距等类似项目）相关联时，该项目可视为不平衡报价，投标人该类项目的综合单价低于或高于招标控制价相应项目综合单价的百分比值；

3　规费计取方式描述为 2 时，规费项目的各项取费费率值，应在规费费率表中明确。

3　按招标人指定费率计取规费时，应对规费费率节点及属性进行描述，规费费率描述的数据内容应符合表 4.3.3-3 的规定；

表 4.3.3-3　规费费率

序号	变量名称	数据类型	必填项	备注
1	养老保险费	xs:decimal	是	—
2	失业保险费	xs:decimal	是	—
3	医疗保险费	xs:decimal	是	—
4	工伤保险费	xs:decimal	是	—
5	生育保险费	xs:decimal	是	—
6	住房公积金	xs:decimal	是	—

注：按指定规费费率计取指的是招标参数中，规费计取方式的值为 2 的情况。

4 其他需说明的内容，可在其他参数中描述，描述的数据内容应符合表 4.3.3-4 的规定。

表 4.3.3–4 其他参数

序号	变量名称	数据类型	必填项	备注
1	内容	xs:string	是	—

4.3.4 数据类型为投标报价时应描述投标信息，其他数据类型不应描述投标信息，投标信息描述的数据内容应符合表 4.3.4 的规定。

表 4.3.4 投标信息

序号	变量名称	数据类型	必填项	备注
1	投标人	xs:string	是	描述投标单位名称
2	投标人法定代表人或其授权人	xs:string	否	—
3	投标工期	xs:string	是	应为工程建设项目投标工期，单位为日历天
4	投标报价	xs:decimal	是	应为建设项目投标工程总价

4.3.5 数据类型为竣工结算时应描述结算信息，其他数据类型不应描述结算信息，结算信息描述的数据内容应符合表 4.3.5 的规定。

表 4.3.5 结算信息

序号	变量名称	数据类型	必填项	备注
1	发包人	xs:string	是	应为工程项目发包单位名称

续表 4.3.5

序号	变量名称	数据类型	必填项	备注
2	发包人法定代表人或其授权人	xs:string	否	—
3	承包人	xs:string	是	应为工程项目承包单位名称
4	承包人法定代表人或其授权人	xs:string	否	—
5	招标控制价	xs:decimal	是	应为建设项目的招标控制价总价
6	合同总价	xs:decimal	是	应为建设项目双方签订的工程承包合同总价
7	结算总价	xs:decimal	是	应为建设项目的竣工结算总价

4.3.6 工程项目其他的信息内容可在其他信息中描述，描述的数据内容应符合表 4.3.6 的规定。

表 4.3.6 其他信息

序号	名称	数据类型	必填项	备注
1	名称	xs:string	是	—
2	内容	xs:string	是	—

4.4 系统信息

4.4.1 系统信息用于记录生成工程数据文件的计算机硬件及软件的信息。

4.4.2 硬件信息描述的数据内容应符合表 4.4.2 的规定。

表 4.4.2 硬件信息

序号	变量名称	数据类型	必填项	备注
1	机器码	xs:string	是	为工程计价软件生成数据时计算机硬件相关信息的唯一识别码
2	IP 地址	xs:string	是	为工程计价软件生成数据时计算机的 IP 地址

4. 4. 3 软件信息描述的数据内容应符合表 4.4.3 的规定。

表 4.4.3 软件信息

序号	变量名称	数据类型	必填项	备注
1	软件名称	xs:string	是	应为编制工程造价文件的计价软件名称
2	软件版本	xs:string	是	应为编制工程造价文件的计价软件版本号
3	创建时间	xs:date	是	应为生成工程造价文件数据时的计算机系统时间，格式为 YYYY-MM-DD
4	软件编号	xs:string	是	应为工程计价软件的正版识别标识

4.5 编制说明

4. 5. 1 编制说明的内容应为工程项目计价情况的描述，以文本形式表现，描述的数据内容应符合表 4.5.1 的规定。

表 4.5.1　编制说明

序号	变量名称	数据类型	必填项	备注
1	内容	xs:string	是	—

4.6　定额综合单价计算程序

4.6.1　定额综合单价计算程序描述工程项目的各定额子目计算综合单价采用的方式，数据类型除招标工程量清单、招标控制价（不含组价）外，其他数据类型都应对综合单价计算表的内容进行描述。

4.6.2　定额子目综合单价计算程序不同时，应分别归入不同的综合单价计算程序。

4.6.3　定额综合单价计算程序描述的数据内容应符合表 4.6.3 的规定。

表 4.6.3　定额综合单价计算程序

序号	变量名称	数据类型	必填项	备注
1	ID	xs:integer	是	描述综合单价计算程序的 ID 号
2	名称	xs:string	是	—
3	备注	xs:string	否	—

注：ID 应在整个工程项目中唯一。

4.6.4　计算程序表描述的数据内容应符合表 4.6.4 的规定。

表 4.6.4 计算程序表

序号	变量名称	数据类型	必填项	备注
1	序号	xs:string	是	—
2	行变量	xs:string	是	定义本行费用在其他计算表达式中被引用的变量，变量名称在本表中唯一
3	项目名称	xs:string	是	对费用行的费用名称进行描述
4	计算公式	xs:string	是	描述行费用的计算表达式，应符合本标准第 3.0.4 条的规定
5	计算公式说明	xs:string	否	计算公式的文字描述
6	费用类别	xs:string	是	应符合本标准表 7.6.1 规定的编码，不应出现重复定义的情况
7	费率	xs:decimal	否	应为费用行计算费率
8	备注	xs:string	否	—

4.6.5 定额综合单价计价程序示例可按表 4.6.5 描述。

表 4.6.5 定额综合单价计算程序表示例

序号	行变量	项目名称	计算公式	计算公式说明	取费类别	费率	备注
1	A	人工费	A1+A2	—	1003		—
2	A1	定额人工费	DERGF	—	100301		—
3	A2	人工费调整	DERGF*费率	定额人工费×费率	100302		—
4	B	材料费	B1+B2+B3	—	1004		—
5	B1	计价材料费	B11+B12	—			—
6	B11	定额材料费	DECLF	—	100401		—

续表 4.6.5

序号	行变量	项目名称	计算公式	计算公式说明	取费类别	费率	备注
7	B12	材料费价差	CLJC	—	100402		—
8	B2	主材费	ZCF	—	100403		—
9	B3	设备费	SBF	—	100404		—
10	C	施工机具使用费	C1+C2	—	1005		—
11	C1	定额施工机具使用费	DEJXF	—	100501		—
12	C2	施工机具使用费价差	JXJC	—	100502		—
13	D	综合费	ZHF	—	1006		—
14	E	综合单价	A+B+C+D	—	1001		—

4.7 工程造价汇总

4.7.1 工程造价汇总为全部单项工程相应费用属性的汇总值。

4.7.2 工程造价汇总描述的数据内容应符合表 4.7.2 的规定。

表 4.7.2 工程造价汇总

序号	变量名称	数据类型	必填项	备注
1	工程费合计	xs:decimal	是	—
2	分部分项清单合计	xs:decimal	是	—
3	单价措施项目合计	xs:decimal	是	—
4	总价措施项目合计	xs:decimal	是	—
4.1	其中安全文明施工费合计	xs:decimal	是	—

续表 4.7.2

序号	变量名称	数据类型	必填项	备注
5	其他项目清单合计	xs:decimal	是	—
5.1	其中暂列金额合计	xs:decimal	否	—
5.2	其中专业工程暂估价合计	xs:decimal	否	—
5.3	其中计日工合计	xs:decimal	否	—
5.4	其中总承包服务费合计	xs:decimal	否	—
6	规费合计	xs:decimal	是	—
7	税金合计	xs:decimal	是	—
8	创优质工程奖补偿奖励费	xs:decimal	否	—
9	评标价	xs:decimal	否	—

注：1 数据类型为招标控制价、投标报价时，应对评标价进行描述，为其他数据类型时，不应对评标价进行描述；

2 数据类型为招标工程量清单时，工程造价、分部分项清单合计、总价措施项目合计（安全文明施工费合计除外）、单价措施项目合计、规费合计、税金合计的值应为 0。

4.7.3 可在其他费用中补充描述建设项目的其他费用信息，其他费用描述的数据内容应符合表 4.7.3 的规定。

表 4.7.3 其他费用

序号	变量名称	数据类型	必填项	备注
1	费用名称	xs:string	是	—
2	金额	xs:decimal	是	—

4.8 需评审的材料及设备汇总

4.8.1 需评审的材料及设备汇总应为工程项目中的所有单位工程工料机汇总中的需评审的材料和工程设备的汇总，同种材料的数量应合并。

4.8.2 需评审的材料及设备汇总应符合以下规定：

1 需评审的材料及设备汇总描述的数据内容应符合表 4.8.2 的规定。

表 4.8.2 需评审的材料及设备汇总

序号	变量名称	数据类型	必填项	备注
1	序号	xs:string	是	—
2	招标编码	xs:string	是	一个标段中，需评审的材料及设备唯一的标识
3	关联材料代码	xs:string	否	描述工程计价文件中与招标编码所关联的工程材料代码
4	材料名称	xs:string	是	—
5	规格型号	xs:string	是	—
6	单位	xs:string	是	—
7	材料单价	xs:decimal	否	—
8	产地	xs:string	否	—
9	厂家	xs:string	否	—
10	品种	xs:string	否	—
11	质量档次	xs:string	否	—
12	备注	xs:string	否	—

2 数据类型为招标工程量清单时，可对需评审的主要材料汇总节点及属性进行描述，并符合以下规定：

1）应描述以下属性：序号、招标编码、材料名称、规格型号、单位；

2）可描述以下属性：材料单价、产地、厂家、品种、质量档次、备注；

3）不应描述关联材料代码。

3 数据类型为招标控制价、投标报价时，可对需评审的主要材料汇总节点及属性进行描述，并符合以下规定：

1）应描述以下属性：序号、招标编码、关联材料代码、材料名称、规格型号、单位、材料单价；

2）可描述以下属性：产地、厂家、品种、质量档次、备注。

4 其他数据类型时，不应对节点及属性进行描述。

4.9 工程数据结构

4.9.1 工程数据结构应至少由一个单项工程数据或单位工程数据组成。

4.9.2 单项工程数据层次下可包括单项工程数据及单位工程数据。

4.9.3 单位工程数据下不应包括单项工程数据或单位工程数据。

4.9.4 单项工程描述的数据内容应符合表4.9.4的规定。

表4.9.4 单项工程属性

序号	变量名称	数据类型	必填项	备注
1	名称	xs:string	是	单项工程的节点名称
2	文件名称	xs:string	是	数据标准文件中与单项工程对应的文件名称，文件名必须以“@_”开头

4.9.5 单位工程描述的数据内容应符合表 4.9.5 的规定。

表 4.9.5 单位工程属性

序号	变量名称	数据类型	必填项	备注
1	名称	xs:string	是	单位工程的节点名称
2	文件名称	xs:string	是	数据标准文件中与单位工程对应的文件名称，文件名必须以“@_”开头

4.10 工程附加文件索引

4.10.1 工程附加文件描述随工程项目存储的附加文件记录。

4.10.2 附加文件信息描述的数据内容应符合表 4.10.2 的规定。

表 4.10.2 附加文件信息

序号	变量名称	数据类型	必填项	备注
1	文件名称	xs:string	是	附加文件的文件名称
2	标识	xs:string	是	描述附加文件类型的后缀名
3	关联工程名称	xs:string	否	描述与附加文件关联的单项工程或单位工程的“文件名称”

5 单项工程数据

5.1 一般规定

5.1.1 单项工程数据应包括单项工程属性、单项工程造价汇总、工程概况及特征和其他信息。

5.1.2 单项工程文件名称应与工程数据结构的单项工程属性的文件名称值对应。

5.2 单项工程属性

5.2.1 单项工程属性描述的数据内容应符合表5.2.1的规定。

表 5.2.1 单项工程属性

序号	变量名称	数据类型	必填项	备注
1	工程名称	xs:string	是	描述单项工程的名称
2	工程类别	xs:string	是	应符合本标准表7.3.1规定的编码
3	工程规模	xs:string	是	房屋建筑工程描述建筑面积；市政道路工程描述道路长度、宽度；其他工程按相应的工程规模描述

5.3 单项工程造价汇总

5.3.1 单项工程造价汇总为相应单位工程费用的汇总值。

5.3.2 单项工程造价汇总描述的数据内容应符合表5.3.2的规定。

表 5.3.2 单项工程费用汇总

序号	变量名称	数据类型	必填项	备注
1	工程费合计	xs:decimal	是	—
2	分部分项清单合计	xs:decimal	是	—
3	单价措施项目合计	xs:decimal	是	—
4	总价措施项目合计	xs:decimal	是	—
4.1	其中安全文明施工费合计	xs:decimal	是	—
5	其他项目清单合计	xs:decimal	是	—
5.1	其中暂列金额合计	xs:decimal	否	—
5.2	其中专业工程暂估价合计	xs:decimal	否	—
5.3	其中计日工合计	xs:decimal	否	—
5.4	其中总承包服务费合计	xs:decimal	否	—
6	规费合计	xs:decimal	是	—
7	税金合计	xs:decimal	是	—
8	创优质工程奖补偿奖励费	xs:decimal	否	—
9	评标价	xs:decimal	否	—

注：1 数据类型为招标控制价、投标报价时，应对评标价进行描述，为其他数据类型时，不应对评标价进行描述；

2 数据类型为招标工程量清单时，工程造价、分部分项清单合计、总价措施项目合计、单价措施项目合计、规费合计、税金合计的值应为 0。

5.3.3 可在其他费用中对单项工程的其他费用进行补充，其他费用描述的数据内容应符合表 5.3.3 的规定。

表 5.3.3 其他费用

序号	变量名称	数据类型	必填项	备注
1	费用名称	xs:string	是	—
2	金额	xs:decimal	是	—

5.4 工程概况及特征

5.4.1 工程概况及特征由工程概况及单位工程特征组成。

5.4.2 工程概况描述的数据内容应符合表 5.4.2 的规定。

表 5.4.2 工程概况

序号	名称	数据类型	必填项	备注
1	编码	xs:string	是	应符合本标准表 7.4.1 规定的编码
2	名称	xs:string	是	—
3	内容	xs:string	是	—

5.4.3 单位工程特征描述的数据内容应符合表 5.4.3 的规定。

表 5.4.3 单位工程特征

序号	名称	数据类型	必填项	备注
1	编码	xs:string	是	应符合本标准表 7.5.1 规定的编码
2	名称	xs:string	是	—
3	内容	xs:string	是	—

5.5 其他信息

5.5.1 单项工程中需补充描述的信息，可在其他信息中进行补充描述，其他信息描述的数据内容应符合表 5.5.1 的规定。

表 5.5.1 其他信息

序号	名称	数据类型	必填项	备注
1	名称	xs:string	是	—
2	内容	xs:string	是	—

6 单位工程数据

6.1 一般规定

6.1.1 单位工程数据应包括单位工程属性、单位工程信息、单位工程造价汇总、分部分项清单、措施项目清单、需评审材料及设备的清单消耗量、其他项目清单、规费和税金清单、工料机汇总、发包人提供材料及设备、承包人采购主要材料及设备。

6.1.2 单位工程文件名称应与工程数据结构的单位工程属性的名称属性值对应。

6.1.3 工料机汇总表中的材料代码应唯一，英文字母不区分大小写。

6.1.4 工料机汇总中的单价应保留 3 位小数。

6.1.5 配合比材料或机械台班需要进行二次分析的，应包括配合比明细材料。

6.1.6 定额子目工程量以定额计量单位进行描述。

6.1.7 清单项目的工程量及定额子目的工程量计算式计算过程，应按自然单位描述，由数字和+、－、*、/和小括号组成，符合四则运算优先级。

6.1.8 定额综合单价计算方式，应按综合单价计算程序的计算过程进行单价计算，并应符合本标准第 4.6 节的规定。

6.1.9 配合比材料单价计算应按式 6.1.9 计算，结果保留 3 位小数：

配合比材料单价 = Σ(二次分析材料单位消耗量 × 二次分析材料单价)

(6.1.9)

6.1.10 分部分项清单及措施项目清单的综合单价和综合合价保留的小数位数规则应符合以下规定：

1 综合单价及组成综合单价的各项明细费用的计算结果应保留 2 位小数；

2 综合合价及组成综合合价的各项明细费用的计算结果应保留 2 位小数。

6.1.11 排序号用于描述费用行在表中的层次及顺序，同一层次的排序号编码规则应按阿拉伯数字 1、2、3 的顺序进行编码，费用行的子项应采用其父项排序号编码加“.”的形式进行扩展编码，仍然采用阿拉伯数字 1、2、3 的顺序编码 。

6.2 单位工程属性

6.2.1 单位工程属性描述的数据内容应符合表 6.2.1 的规定。

表 6.2.1 单位工程属性

序号	变量名称	数据类型	必填项	备注
1	工程名称	xs:string	是	—
2	工程专业	xs:string	是	应符合本标准表 7.2.1 规定的编码
3	工程规模	xs:string	是	描述单位工程的工程规模

6.3 单位工程信息

6.3.1 单位工程信息描述的数据内容应符合表 6.3.1 的规定。

表 6.3.1　单位工程信息

序号	变量名称	数据类型	必填项	备注
1	名称	xs:string	是	—
2	内容	xs:string	是	—

6.4　单位工程造价汇总

6.4.1　单位工程费用汇总描述的数据内容应符合表 6.4.1 的规定。

表 6.4.1　单位工程费用汇总

序号	变量名称	数据类型	必填项	备注
1	序号	xs:string	是	—
2	排序号	xs:string	是	应符合本标准第 6.1.14 条的规定
3	行变量	xs:string	是	定义费用在本表中被计算基础表达式引用的变量名称，变量名称在本表中唯一
4	项目名称	xs:string	是	对费用行的费用名称进行描述
5	计算公式	xs:string	是	描述当前行费用的计算表达式，采用的计算变量须符合本标准表 7.7.1 规定的变量和行变量
6	计算公式说明	xs:string	否	对计算公式用文字进行描述
7	费率	xs:decimal	否	应为费用行计算费率
8	金额	xs:decimal	否	—
9	费用类别	xs: string	是	描述费用类别编码，须符合本标准表 7.6.1 的规定
10	备注	xs:string	否	—

注：数据类型为招标工程量清单时，不应对金额进行描述。

6.5 分部分项清单

6.5.1 分部分项清单应由至少一条清单分部和清单项目组成。

6.5.2 分部分项清单描述的数据内容应符合表 6.5.2 的规定。

表 6.5.2 分部分项清单

序号	变量名称	数据类型	必填项	备注
1	合计	xs:decimal	是	—
2	材料及设备暂估价合计	xs:decimal	否	—

注：1 数据类型为招标工程量清单时，合计的属性应描述为 0；

2 数据类型为设计概算、施工图预算、招标工程量清单、竣工结算时，不应对材料暂估价合计进行描述。

6.5.3 清单分部由分部费用及清单项目组成，并符合以下规定：

1 清单分部层次下可包括清单分部及清单项目；

2 清单分部描述的数据内容应符合表 6.5.3 的规定。

表 6.5.3 清单分部

序号	变量名称	数据类型	必填项	备注
1	项目编码	xs:string	是	应为当前清单分部的项目编码
2	项目名称	xs:string	是	应为当前清单分部的项目名称
3	备注	xs:string	否	—

6.5.4 分部费用中的各项金额应描述分部下所有清单项目对应金额的合计，并符合以下规定：

1 数据类型为招标工程量清单时，不应对分部费用和其他费用的节点进行描述；

2 分部费用描述的数据内容应符合表 6.5.4-1 的规定；

表 6.5.4–1 分部费用

序号	变量名称	数据类型	必填项	备注
1	综合合价	xs:decimal	是	—
2	人工费合价	xs:decimal	是	—
3	材料费合价	xs:decimal	是	—
4	施工机具使用费合价	xs:decimal	是	—
5	定额人工费合价	xs:decimal	是	—
6	定额材料费合价	xs:decimal	是	—
7	定额施工机具使用费合价	xs:decimal	是	—
8	人工费调整合价	xs:decimal	是	—
9	材料暂估合价	xs:decimal	否	材料及设备暂估合价
10	综合费合价	xs:decimal	是	—

3 其他费用可在其他费用节点中补充描述，其他费用描述的数据内容应符合表 6.5.4-2 的规定。

表 6.5.4–2 其他费用

序号	变量名称	数据类型	必填项	备注
1	费用名称	xs:string	是	—
2	金额	xs:decimal	是	—

6.5.5 清单项目数据应由项目特征、工作内容、费用组成、定额子目组成，并符合以下规定：

1 清单项目描述的数据内容应符合表 6.5.5-1 的规定；

表 6.5.5–1 清单项目

序号	变量名称	数据类型	必填项	备注
1	项目编码	xs:string	是	应为清单项目的项目编码
2	项目名称	xs:string	是	应为清单项目的项目名称
3	计量单位	xs:string	是	应为清单项目的单位
4	工程量	xs:decimal	是	应为清单项目的工程量数值
5	工程量计算式	xs:string	否	清单项目的工程量计算表达式
6	综合单价	xs:decimal	是	—
7	综合合价	xs:decimal	是	—
8	人工费调整费率	xs:decimal	是	—
9	已标价工程量	xs:decimal	否	—
10	已标价综合单价	xs:decimal	否	—
11	已标价人工费	xs:decimal	否	—
12	已标价材料费	xs:decimal	否	—
13	已标价施工机具使用费	xs:decimal	否	—
14	已标价综合费	xs:decimal	否	—
15	主要清单标志	xs:boolean	否	清单包含需评审材料及设备时，应描述为 True
16	费用类别	xs:string	否	—
17	清单类别	xs:string	是	描述清单类别编码，并应符合本标准表 7.8.1 的规定
18	备注	xs:string	否	—
19	其他信息	xs:string	否	—

注：数据类型为招标工程量清单时，综合单价、综合合价及人工费调整费率应描述为 0。

2 项目特征描述的数据内容应符合表 6.5.5-2 的规定；

表 6.5.5–2 项目特征

序号	变量名称	数据类型	必填项	备注
1	内容	xs:string	是	应按照《建设工程工程量清单计价规范》GB50500 中的规定进行描述

3 工作内容描述的数据内容应符合表 6.5.5-3 的规定；

表 6.5.5–3 工作内容

序号	变量名称	数据类型	必填项	备注
1	内容	xs:string	是	描述清单项目的工作内容

4 数据类型为招标工程量清单时，不应对费用组成节点及属性进行描述，费用组成描述的数据内容应符合表 6.5.5-4 的规定；

表 6.5.5–4 费用组成

序号	变量名称	数据类型	必填项	备注
1	人工费	xs:decimal	是	—
2	人工费合价	xs:decimal	是	—
3	材料费	xs:decimal	是	—
4	材料费合价	xs:decimal	是	—
5	施工机具使用费	xs:decimal	是	—
6	施工机具使用费合价	xs:decimal	是	—
7	定额人工费	xs:decimal	是	—

续表 6.5.5–4

序号	变量名称	数据类型	必填项	备注
8	定额人工费合价	xs:decimal	是	—
9	定额材料费	xs:decimal	是	—
10	定额材料费合价	xs:decimal	是	—
11	定额施工机具使用费	xs:decimal	是	—
12	定额施工机具使用费合价	xs:decimal	是	—
13	人工费调整单价	xs:decimal	是	—
14	人工费调整合价	xs:decimal	是	—
15	材料暂估单价	xs:decimal	是	材料及设备暂估单价
16	材料暂估合价	xs:decimal	是	材料及设备暂估合价
17	综合费单价	xs:decimal	是	—
18	综合费合价	xs:decimal	是	—

5 清单项目的其他费用可在其他费用节点中补充描述，其他费用描述的数据内容应符合表 6.5.5-5 的规定。

表 6.5.5–5 其他费用

序号	变量名称	数据类型	必填项	备注
1	费用名称	xs:string	是	—
2	金额	xs:decimal	是	—

6. 5. 6 定额子目由工料机组成分析和费用组成组成，并符合以下规定：

1 数据类型为招标工程量清单、招标控制价（不含组价）时，不应描述定额子目的节点及内容；

2 定额子目描述的数据内容应符合表 6.5.6-1 的规定；

表 6.5.6–1 定额子目

序号	变量名称	数据类型	必填项	备注
1	定额编号	xs:string	是	应为定额的定额编号，换算后应在定额编号后加上“换”字
2	项目名称	xs:string	是	应为定额的项目名称
3	计量单位	xs:string	是	应为定额的计量单位
4	换算描述	xs:string	否	应为定额换算的文字描述说明
5	定额专业类别	xs:string	是	应符合本标准表 7.9.1 规定的编码
6	工程量	xs:decimal	是	应为定额单位的工程数量
7	工程量计算式	xs:string	否	应为基本单位的工程数量计算公式
8	综合单价	xs:decimal	是	—
9	综合合价	xs:decimal	是	—
10	人工费调整费率	xs:decimal	是	—
11	单价构成文件 ID	xs:integer	是	必须对应该定额子目综合单价计算程序的 ID 号
12	备注	xs:string	否	—
13	其他信息	xs:string	否	—

3 工料机组成描述的数据内容应符合表 6.5.6-2 的规定；

表 6.5.6-2　工料机组成

序号	变量名称	数据类型	必填项	备注
1	关联材料代码	xs:string	是	应与工料机汇总表中材料代码一致
2	消耗量	xs:decimal	是	—
3	数量	xs:decimal	是	—
4	数量计算方式	xs:integer	是	对材料的计算方式描述 1 = 材料按消耗量计算 2 = 材料按实际数量计算
5	不计价	xs:boolean	是	应为配合比二次解析材料等是否计入定额金额的标识,应描述为True 或 False，默认值为 False

4　定额子目的费用组成应符合表 6.5.5-4 的规定。

6.6　措施项目清单

6.6.1　措施项目清单由总价措施清单表和单价措施清单表组成。

6.6.2　总价措施清单表描述的数据内容应符合表 6.6.2 的规定。

表 6.6.2　总价措施清单表

序号	变量名称	数据类型	必填项	备注
1	合计	xs:decimal	是	应为总价措施清单所有金额合计
2	材料及设备暂估价合计	xs:decimal	否	材料及设备暂估合计
3	安全文明施工费	xs:decimal	是	应为安全文明施工费总金额合计，应包括：环境保护、安全施工、文明施工、临时设施

注：1　数据类型为招标工程量清单时，合计的属性应描述为 0；

2　数据类型为设计概算、施工图预算、招标工程量清单、竣工结算时，不应对材料暂估价合计进行描述。

6.6.3 单价措施清单表描述的数据内容应符合表 6.6.3 的规定。

表 6.6.3 单价措施清单表

序号	变量名称	数据类型	必填项	备注
1	合计	xs:decimal	是	应为单价措施清单所有金额合计
2	材料及设备暂估价合计	xs:decimal	否	材料及设备暂估合计

注：1 数据类型为招标工程量清单时，合计的属性应描述为 0；

2 数据类型为设计概算、施工图预算、招标工程量清单、竣工结算时，不应对材料暂估价合计进行描述。

6.6.4 总价措施清单表和单价措施清单表应由措施清单项目、措施分部组成，并符合以下规定：

1 按综合单价形式计算清单综合单价的措施清单项目，应符合本标准第 6.5 节中的所有条款规定；

2 措施项目清单描述的数据内容应符合表 6.6.4 的规定。

表 6.6.4 措施项目清单

序号	变量名称	数据类型	必填项	备注
1	项目编码	xs:string	是	应为措施项目清单的项目编码
2	项目名称	xs:string	是	应为措施项目清单的项目名称
3	计量单位	xs:string	是	清单项目按费率计取时，应描述为“项”
4	工程量	xs:decimal	是	清单项目按费率计取时，应描述为 1
5	工程量计算式	xs:string	否	—

续表 6.6.4

序号	变量名称	数据类型	必填项	备注
6	取费基础表达式	xs:string	否	清单项目按费率计取时，描述项目取费公式，应符合本标准第 3.0.4 条的规定
7	取费基础说明	xs:string	否	对计算基础用文字进行描述
8	取费基础金额	xs:decimal	否	清单项目按费率计取时，应为描述的计算基础的金额值
9	费率	xs:decimal	否	清单项目按费率计取时，应为措施清单的取费费率
10	综合单价	xs:decimal	否	—
11	综合合价	xs:decimal	是	—
12	人工费调整费率	xs:decimal	否	—
13	调整费率	xs:decimal	否	—
14	调整后金额	xs:decimal	否	—
15	已标价工程量	xs:decimal	否	—
16	已标价综合单价	xs:decimal	否	—
17	已标价人工费	xs:decimal	否	—
18	已标价材料费	xs:decimal	否	—
19	已标价施工机具使用费	xs:decimal	否	—
20	已标价综合费	xs:decimal	否	—
21	主要清单标志	xs:boolean	否	清单包含需评审材料及设备时，应描述为 True
22	费用类别	xs:string	否	清单项目按费率计取时，应对费用类别进行描述，应符合本标准表 7.6.1 规定的编码

续表 6.6.4

序号	变量名称	数据类型	必填项	备注
23	清单类别	xs:string	是	清单类别编码，应符合本标准表 7.8.1 规定的编码
24	按费率计取	xs:boolean	是	措施清单项目是否按取费基数×费率计取的标志
25	备注	xs:string	否	—
26	其他信息	xs:string	否	—

注：1 数据类型为招标工程量清单时，不应对取费基础金额进行描述；
2 数据类型为招标工程量清单、招标控制价、投标报价时，不应对调整费率、调整后金额进行描述。

6.7 需评审材料及设备的清单消耗量

6.7.1 需评审材料及设备的清单消耗量，应由清单明细及对应的材料及设备消耗量明细组成。

6.7.2 数据类型为设计概算、施工图预算、招标工程量清单和竣工结算时，不应有需评审材料及设备的清单消耗量节点及内容。

6.7.3 清单明细描述的数据内容应符合表 6.7.3 的规定。

表 6.7.3 清单明细

序号	变量名称	数据类型	必填项	备注
1	项目编码	xs:string	是	—
2	项目名称	xs:string	是	—
3	计量单位	xs:string	是	—
4	工程量	xs:decimal	是	—

6.7.4 材料及设备耗量明细描述的数据内容应符合表6.7.4的规定。

表6.7.4 材料及设备耗量明细

序号	变量名称	数据类型	必填项	备注
1	招标编码	xs:string	是	—
2	关联材料代码	xs:string	否	必须与工料机汇总表中材料代码一致
3	消耗量	xs:decimal	是	—
4	材料名称	xs:string	是	—
5	规格型号	xs:string	是	—
6	单位	xs:string	是	—
7	单价	xs:decimal	是	—

注：数据类型为招标工程量清单、招标控制价（不含组价）时，不应对关联材料代码进行描述。

6.8 其他项目清单

6.8.1 其他项目清单应按《建设工程工程量清单计价规范》GB50500的规定描述，包括暂列金额、材料及设备暂估价、专业工程暂估价、计日工、总承包服务费、索赔与现场签证计价表及其他。

6.8.2 其他项目清单描述的数据内容应符合表6.8.2的规定。

表6.8.2 其他项目清单

序号	变量名称	数据类型	必填项	备注
1	合计	xs:decimal	是	—

6.8.3 暂列金额描述的数据内容应符合表 6.8.3 的规定。

表 6.8.3 暂列金额

序号	变量名称	数据类型	必填项	备注
1	序号	xs:string	是	—
2	项目名称	xs:string	是	—
3	计量单位	xs:string	是	—
4	金额	xs:decimal	是	—
5	备注	xs:string	否	—

6.8.4 材料及设备暂估价描述的数据内容应符合表 6.8.4 的规定。

表 6.8.4 材料及设备暂估价

序号	变量名称	数据类型	必填项	备注
1	序号	xs:string	是	—
2	招标编码	xs:string	否	相同材料招标编码不应重复
3	关联材料代码	xs:string	否	必须与工料机汇总中材料代码一致
4	材料名称	xs:string	是	必须与工料机汇总中材料名称一致
5	规格型号	xs:string	是	必须与工料机汇总中规格型号一致
6	单位	xs:string	是	必须与工料机汇总中单位一致
7	暂估数量	xs:decimal	否	—
8	暂估单价	xs:decimal	是	—
9	暂估合价	xs:decimal	否	—
10	确认数量	xs:decimal	否	—

续表 6.8.4

序号	变量名称	数据类型	必填项	备注
11	确认单价	xs:decimal	否	—
12	确认合价	xs:decimal	否	—
13	差额单价	xs:decimal	否	—
14	差额合价	xs:decimal	否	—
15	产地	xs:string	否	—
16	厂家	xs:string	否	—
17	品种	xs:string	否	—
18	质量档次	xs:string	否	—
19	备注	xs:string	否	—

注：1 数据类型为招标工程量清单、招标控制价（不含组价）时，不应对关联材料代码、暂定数量、暂定合价、确认数量、确认单价、确认合价、差额单价及差额合价进行描述；

2 数据类型为设计概算、施工图预算、招标控制价、投标报价时，不应对确认数量、确认单价、确认合价、差额单价及差额合价进行描述。

6.8.5 专业工程暂估价描述的数据内容应符合表 6.8.5 的规定。

表 6.8.5 专业工程暂估价

序号	变量名称	数据类型	必填项	备注
1	序号	xs:string	是	—
2	招标编码	xs:string	否	同一个单位工程中招标编码不应重复
3	工程名称	xs:string	是	—
4	工程内容	xs:string	是	—

续表 6.8.5

序号	变量名称	数据类型	必填项	备注
5	暂估金额	xs:decimal	是	—
6	结算金额	xs:decimal	否	—
7	备注	xs:string	否	—

注：数据类型为设计概算、施工图预算、招标工程量清单、招标控制价、投标报价时，不应为结算金额进行描述。

6.8.6 计日工包括人工、材料、施工机械及综合费，并符合以下规定：

1 计日工的人工、材料、施工机械描述的数据内容应符合表 6.8.6-1 的规定；

表 6.8.6–1 计日工

序号	变量名称	数据类型	必填项	备注
1	序号	xs:string	是	—
2	招标编码	xs:string	否	同一个单位工程中招标编码不应重复
3	名称	xs:string	是	—
4	单位	xs:string	是	—
5	暂定数量	xs:decimal	否	—
6	实际数量	xs:decimal	否	—
7	综合单价	xs:decimal	否	—
8	暂定合价	xs:decimal	否	—
9	实际合价	xs:decimal	否	—
10	备注	xs:string	否	—

注：1 数据类型为招标工程量清单时，不应对实际数量、综合单价、暂定合价及实际合价进行描述；

2 数据类型为设计概算、施工图预算、招标控制价、投标报价时，不应对实际数量、实际合价进行描述。

2　综合费描述的数据内容应符合表 6.8.6-2 的规定。

表 6.8.6–2　综合费

序号	变量名称	数据类型	必填项	备注
1	取费基数	xs:string	是	应为数字 1、2、3 或由其组成的加法计算式 1 = 人工费 2 = 材料费 3 = 机械费
2	费率	xs: decimal	是	—
3	暂定合价	xs:decimal	否	—
4	实际合价	xs:decimal	否	—

注：1 取费基数的值为：1 或 1+3；

2 数据类型为设计概算、施工图预算、招标工程量清单、招标控制价、投标报价时，不应对实际合价进行描述。

6.8.7　总承包服务费描述的数据内容应符合表 6.8.7 的规定。

表 6.8.7　总承包服务费

序号	变量名称	数据类型	必填项	备注
1	序号	xs:string	是	—
2	招标编码	xs:string	否	同一个单位工程中招标编码不应重复
3	项目名称	xs:string	是	—
4	项目价值	xs:decimal	否	—
5	计算基础	xs:string	否	—
6	服务内容	xs:string	否	—
7	费率	xs:decimal	否	总承包服务费的计算费率值

续表 6.8.7

序号	变量名称	数据类型	必填项	备注
8	金额	xs:decimal	是	可根据招标办法规定，直接填写实际金额
9	备注	xs:string	否	—

6.8.8 索赔与现场签证应由索赔计价表、现场签证计价表组成，并符合以下规定：

1 数据类型为招标工程量清单时，不应对索赔与现场签证计价表进行描述；

2 索赔与现场签证的合计应为索赔计价表与现场签证计价表的金额合计；

3 索赔计价表和现场签证计价费用项描述的数据内容应符合表 6.8.8 的规定。

表 6.8.8 索赔签证计价费用项

序号	变量名称	数据类型	必填项	备注
1	序号	xs:string	是	—
2	项目名称	xs:string	是	—
3	单位	xs:string	是	—
4	数量	xs:decimal	是	—
5	单价	xs:decimal	是	—
6	合价	xs:decimal	是	—
7	依据	xs:string	是	—

6.8.9 其他项目清单中需补充描述的内容，可在其他中进行描述，其他描述的数据内容应符合表 6.8.9 的规定。

表 6.8.9 其他

序号	变量名称	数据类型	必填项	备注
1	序号	xs:string	是	—
2	排序号	xs:string	是	—
3	项目名称	xs:string	是	—
4	计量单位	xs:string	是	—
5	计算公式	xs:string	否	描述当前行费用的计算表达式，采用的计算变量须符合本标准表 7.7.1 规定的变量和行变量
6	费率	xs:decimal	否	—
7	金额	xs:decimal	是	—
8	费用类别	xs:string	是	描述费用类别编码，须符合本标准表 7.6.1 规定的编码
9	备注	xs:string	否	—

6.9 规费和税金清单

6.9.1 规费和税金清单描述的数据内容应符合表 6.9.1 的规定。

表 6.9.1 规费和税金清单

序号	变量名称	数据类型	必填项	备注
1	规费合计	xs:decimal	是	—
2	税金合计	xs:decimal	是	—

注：数据类型为招标工程量清单时，规费合计和税金合计应描述为 0。

6.9.2 规费税金清单由规费税金费用项组成，规费税金费用项描述的数据内容应符合表 6.9.2 的规定。

表 6.9.2　规费税金费用项

序号	变量名称	数据类型	必填项	备注
1	序号	xs:string	是	—
2	排序号	xs:string	是	应符合本标准第 6.1.14 条的规定
3	行变量	xs:string	是	对综合单价计算程序行变量进行定义
4	名称	xs:string	是	对费用行的费用名称进行描述
5	计算公式	xs:string	是	描述当前行费用的计算表达式，采用的计算变量须符合本标准表 7.7.1 规定的变量和行变量
6	计算公式说明	xs:string	否	对计算公式用文字进行描述
7	计算基数金额	xs:decimal	否	应为描述的计算基础的金额值
8	费率	xs:decimal	是	应为费用行计算费率
9	金额	xs:decimal	否	—
10	费用类别	xs:string	是	费用类别编码，应符合本标准表 7.6.1 规定的编码
11	备注	xs:string	否	—

注：数据类型为招标工程量清单时，不应对计算基数金额及金额进行描述。

6.10　工料机汇总

6. 10. 1　数据类型为招标工程量清单、招标控制价（不含组价）时，不应对工料机汇总节点及属性进行描述。

6. 10. 2　工料机汇总表描述的数据内容应符合表 6.10.2 的规定。

表 6.10.2　工料机汇总表

序号	变量名称	数据类型	必填项	备注
1	代码	xs:string	是	单位工程中标识材料的代码，代码不应重复
2	材料名称	xs:string	是	描述材料的名称
3	规格型号	xs:string	是	描述材料的规格型号
4	单位	xs:string	是	描述材料的单位
5	计算类别	xs:integer	是	应符合本标准表 7.11.1 规定的编码
6	材料指标分类	xs:string	否	应符合本标准表 7.12.1 规定的编码
7	单位系数	xs:decimal	否	描述材料转换为材料指标分类单位的换算系数
8	供应方式	xs:integer	否	应符合本标准表 7.10.1 规定的编码
9	主要材料标志	xs:Boolean	否	应描述为 True 或 False
10	材料暂估标志	xs:Boolean	否	应描述为 True 或 False
11	不计税设备标志	xs:Boolean	否	应描述为 True 或 False
12	单价不由明细计算标志	xs:Boolean	否	应描述为 True 或 False
13	定额单价	xs:decimal	是	—
14	材料单价	xs:decimal	是	—
15	价格来源	xs:string	否	描述材料单价的来源方式
16	数量	xs:decimal	是	—
17	产地	xs:string	否	—
18	厂家	xs:string	否	—
19	质量档次	xs:string	否	—

续表 6.10.2

序号	变量名称	数据类型	必填项	备注
20	品种	xs:string	否	—
21	备注	xs:string	否	—
22	其他信息	xs:string	否	—

注：1 计算类别为人工、机械时，材料暂估标志不应为 True；

2 计算类别为人工、材料、主材、机械时，不计税设备标志不应为 True；

3 配合比材料的主要材料标志、材料暂估材料标志应为 False；

4 配合比材料不应将供应方式设置为甲供。

6.10.3 工料机汇总表中包含有配合比材料时，配合比二次解析材料在配合比材料明细表中列出，描述的数据内容应符合表 6.10.3 的规定。

表 6.10.3 配合比材料明细表

序号	变量名称	数据类型	必填项	备注
1	关联材料代码	xs:string	是	—
2	消耗量	xs:decimal	是	配合比二次解析材料的消耗量
3	不计价	xs:boolean	是	应为材料是否计入配比材料金额的标识，应描述为 True 或 False，默认值为 False

6.11 发包人提供材料及设备

6.11.1 发包人提供材料及设备的描述应符合表 6.11.1 的规定。

表 6.11.1　发包人提供材料和设备

序号	变量名称	数据类型	必填项	备注
1	序号	xs:string	是	—
2	招标编码	xs:string	否	相同材料招标编码不应重复
3	关联材料代码	xs:string	否	应与工料机汇总中材料代码一致
4	材料名称	xs:string	是	应与工料机汇总中材料名称一致
5	规格型号	xs:string	是	应与工料机汇总中规格型号一致
6	单位	xs:string	是	应与工料机汇总中单位一致
7	数量	xs:decimal	否	应与工料机汇总中数量一致
8	单价	xs:decimal	否	应与工料机汇总中单价一致
9	交货方式	xs:string	否	—
10	送达地点	xs:string	否	—
11	备注	xs:string	否	—

注：1　发包人提供材料和设备中的材料应当来源于工料机汇总中的所有供应方式为甲供的材料；

2　关联材料代码应来源于工料机汇总中的材料代码，并且唯一；

3　发包人提供材料和设备中的相应信息应与工料机汇总中的信息一致。

6.12　承包人采购主要材料及设备

6.12.1　承包人采购主要材料及设备表用于对材料及设备的价格调整。

6.12.2　承包人采购材料和设备调差方法包括造价信息差额法或价格指数差额法。

6.12.3　造价信息差额调整表描述的数据内容应符合表 6.12.3 的规定。

表 6.12.3　造价信息差额调整表

序号	名称	数据类型	必填项	备注
1	序号	xs:string	是	—
2	关联材料代码	xs:string	否	应与工料机汇总中材料代码一致
3	材料名称	xs:string	是	应与工料机汇总中材料名称一致
4	规格型号	xs:string	是	应与工料机汇总中规格型号一致
5	单位	xs:string	是	应与工料机汇总中单位一致
6	数量	xs:decimal	是	应与工料机汇总中数量一致
7	风险系数	xs:decimal	是	—
8	基准单价	xs:decimal	是	—
9	投标单价	xs:decimal	否	—
10	发承包人确认单价	xs:decimal	否	—
11	备注	xs:string	否	—

注：1　数据类型为招标工程量清单、招标控制价、招标控制价（不含组价）时，应对造价信息差额法中的序号、材料名称、单位、风险系数、基准单价进行描述；

2　数据类型为招标工程量清单、招标控制价、招标控制价（不含组价）时，不应对投标单价进行描述；

3　数据类型除竣工结算外，都不应对发承包人确认单价进行描述。

6.12.4　价格指数差额调整表描述的数据内容应符合表 6.12.4 的规定。

表 6.12.4 价格指数差额调整表

序号	名称	数据类型	必填项	备注
1	序号	xs:string	是	—
2	材料名称	xs:string	是	—
3	规格型号	xs:string	是	—
4	单位	xs:string	是	—
5	变值权重	xs:decimal	是	—
6	基本价格指数	xs:decimal	是	—
7	现行价格指数	xs:decimal	否	—

7 数据字典

7.1 数据类型编码

7.1.1 建设项目属性描述中的数据类型的编码应符合表 7.1.1 的规定。

表 7.1.1 数据类型编码

数据类型	编码
设计概算	1
施工图预算	2
招标工程量清单	3
招标控制价	4
招标控制价（不含综合单价分析表）	5
投标报价	6
竣工结算	7
其他	8

7.2 工程专业编码

7.2.1 单位工程属性中所描述的工程专业编码描述应符合表 7.2.1 的规定。

表 7.2.1 工程专业编码

工程专业	编码
房屋建筑与装饰工程	01
仿古建筑工程	02
通用安装工程	03
市政公用工程	04
园林绿化工程	05
构筑物工程	06
城市轨道交通工程	07
房屋建筑维修与加固工程	08
爆破工程	09
其他工程	99

7.3 工程类别编码

7.3.1 单位工程属性中所描述的工程类别编码描述应符合表 7.3.1 的规定。

表 7.3.1 工程类别编码

<table>
<tr><th colspan="3">工程类别</th><th>编码</th></tr>
<tr><td colspan="4">房屋建筑工程</td></tr>
<tr><td rowspan="5">民用建筑工程</td><td rowspan="5">居住建筑</td><td>别墅</td><td>010101</td></tr>
<tr><td>公寓</td><td>010102</td></tr>
<tr><td>普通住宅</td><td>010103</td></tr>
<tr><td>集体宿舍</td><td>010104</td></tr>
<tr><td>其他居住建筑</td><td>010199</td></tr>
</table>

续表 7.3.1

工程类别			编码
民用建筑工程	办公建筑	党政机关办公楼	010201
		事业单位办公楼	010202
		企业单位办公楼	010203
		商务办公用房	010204
		其他办公建筑	010299
	旅馆酒店建筑	旅游饭店	010301
		普通旅馆	010302
		招待所	010303
		其他旅游酒店建筑	010399
	商业建筑	百货商场	010401
		综合商厦	010402
		购物中心	010403
		会展中心	010404
		超市	010405
		菜市场	010406
		专业商店	010407
		其他商业建筑	010499
	居民服务建筑	餐饮用房屋	010501
		银行营业和证券营业用房屋	010502
		电信及计算机服务用房屋	010503
		邮政用房屋	010504
		居住小区的会所	010505
		生活服务用房屋	010506
		殡仪馆	010507

续表 7.3.1

工程类别			编码
民用建筑工程	居民服务建筑	其他居民服务建筑	010599
	文化建筑	文艺演出用房	010601
		艺术展览用房	010602
		图书馆	010603
		纪念馆	010604
		档案馆	010605
		博物馆	010606
		文化宫	010607
		游乐园	010608
		电影院（含影城）	010609
		宗教寺院	010610
		其他文化建筑	010699
	教育建筑	教学楼	010701
		图书馆	010702
		试验室	010703
		体育馆	010704
		展览馆	010705
		学生宿舍（公寓）	010706
		其他教育建筑	010799
	体育建筑	体育馆	010801
		体育场	010802
		游泳馆	010803
		跳水馆	010804
		其他体育建筑	010899

续表 7.3.1

工程类别			编码
民用建筑工程	科研建筑		010900
	卫生建筑	住院楼	011001
		医技楼	011002
		保健站	011003
		卫生所	011004
		其他卫生建筑	011099
	交通建筑	机场航站楼	011101
		机场指挥塔	011102
		汽车、铁路客运楼	011103
		停车楼	011104
		高速公路服务区用房	011105
		汽车、铁路的站房	011106
		港口码头建筑	011107
		其他交通建筑	011199
	独立人防建筑		011200
	广播电影电视建筑	综合大楼	011301
		发射台（站）	011302
		地球站	011303
		监测台（站）	011304
		综合发射塔（含机房、塔座、塔楼等）	011305
		其他广播电影电视建筑	011399

续表 7.3.1

<table>
<tr><td colspan="3">工程类别</td><td>编码</td></tr>
<tr><td rowspan="10">工业建筑工程</td><td rowspan="3">厂房（机房、车间）</td><td>单层厂房</td><td>011401</td></tr>
<tr><td>多层厂房</td><td>011402</td></tr>
<tr><td>其他厂房</td><td>011499</td></tr>
<tr><td rowspan="5">仓库</td><td>成品库</td><td>011501</td></tr>
<tr><td>原材料库</td><td>011502</td></tr>
<tr><td>物资储备库</td><td>011503</td></tr>
<tr><td>冷藏库</td><td>011504</td></tr>
<tr><td>其他仓库</td><td>011599</td></tr>
<tr><td colspan="2">辅助附属设施</td><td>011600</td></tr>
<tr><td colspan="2">其他工业建筑</td><td>011700</td></tr>
<tr><td rowspan="4">单独土石方工程</td><td colspan="2">人工开挖</td><td>011801</td></tr>
<tr><td colspan="2">机械开挖</td><td>011802</td></tr>
<tr><td colspan="2">爆破开挖</td><td>011803</td></tr>
<tr><td colspan="2">其他单独土石方工程</td><td>011899</td></tr>
<tr><td rowspan="4">地基工程</td><td colspan="2">桩基</td><td>011901</td></tr>
<tr><td colspan="2">边坡支护</td><td>011902</td></tr>
<tr><td colspan="2">地基处理</td><td>011903</td></tr>
<tr><td colspan="2">其他地基工程</td><td>011999</td></tr>
<tr><td colspan="3">单独装饰工程</td><td>012000</td></tr>
<tr><td colspan="3">其他房屋建筑工程</td><td>019900</td></tr>
<tr><td colspan="4">仿古建筑工程</td></tr>
<tr><td colspan="3">亭</td><td>020101</td></tr>
<tr><td colspan="3">台</td><td>020102</td></tr>
</table>

续表 7.3.1

工程类别	编码
楼	020103
榭	020104
枋	020105
殿	020106
其他仿古建筑工程	029900
通用安装工程	
机械设备工程	030101
静置设备与工艺金属结构工程	030102
燃气工程	030103
电气工程	030104
自动化控制仪表工程	030105
建筑智能化工程	030106
管道工程	030107
消防工程	030108
净化工程	030109
通风与空调工程	030110
设备及管道防腐蚀与绝热工程	030111
工业锅炉工程	030112
电子与通信及广电工程	030113
电梯工程	030114
其他通用安装工程	039900
市政公用工程	

续表 7.3.1

工程类别		编码
道路工程	市政道路工程	040101
	厂区（小区）道路工程	040102
	其他道路工程	040199
桥涵工程	跨河桥工程	040201
	立交桥工程	040202
	高架桥工程	040203
	涵洞工程	040204
	其他桥涵工程	040299
河堤挡墙工程	河堤工程	040301
	挡墙工程	040302
	其他河堤挡墙工程	040399
隧道及地下通道	下穿隧道工程	040401
	电缆隧道工程	040402
	地下人行通道工程	040403
	其他隧道及地下通道	040499
管网工程	供水管道工程	040501
	供水厂工程	040502
	排水管道工程	040503
	市政燃气管道工程	040504
	厂区（小区）燃气管道工程	040505
	其他管网工程	040599
水处理工程	污水处理厂工程	040601
	其他污水处理工程	040699

续表 7.3.1

工程类别		编码
生活垃圾处理工程	填埋场工程	040701
	地上堆肥	040702
	焚烧厂工程	040703
	其他生活垃圾处理工程	040799
路灯工程	市政路灯工程	040801
	厂区（小区）路灯工程	040802
	其他路灯工程	040899
其他市政工程		049900
园林绿化工程		
园林工程	园林景观	050101
	园路、园桥	050102
绿化工程	交通干道类绿化	050201
	公园、游览区类绿化	050202
	小区、单位类绿化	050203
其他园林绿化工程		059900
构筑物工程		
工业构筑物	冷却塔	060101
	观测塔	060102
	烟囱	060103
	烟道	060104
	井架	060105
	井塔	060106
	筒仓	060107

续表 7.3.1

工程类别		编码
工业构筑物	栈桥	060108
	架空索道	060109
	装卸平台	060110
	槽仓	060111
	地道	060112
	其他工业构筑物	060199
民用构筑物	纪念塔（碑）	060201
	广告牌（塔）	060202
	其他民用构筑物	060299
水工构筑物	沟	060301
	池	060302
	沉井	060303
	水塔	060304
	其他水工构筑物	060399
其他构筑物工程		069900
城市轨道交通工程		
车站工程		070101
区间工程		070102
车辆段工程		070103
其他城市轨道交通工程		079900

7.4 工程概况编码

7.4.1 单项工程属性中所描述的工程概况编码，应符合表 7.4.1 的规定。

表 7.4.1 工程概况编码

名称		编码	备注
房屋建筑工程			
结构特征		010100	应描述为砖混结构、框架结构、框剪结构、钢结构、木结构、钢木结构、钢混结构、装配式建筑、其他结构
建筑面积	总建筑面积	010201	单位为 m^2
	其中地下层面积	010202	单位为 m^2
	标准层面积	010203	单位为 m^2
	裙楼面积	010204	单位为 m^2
层数	总层数	010301	单位为层
	其中地下层层数	010302	单位为层
	标准层层数	010303	单位为层
	裙楼层数	010304	单位为层
檐口高度		010400	单位为 m
层高	首层层高	010501	单位为 m
	标准层层高	010502	单位为 m
建筑节能		010600	应描述为屋面保温、外墙保温、内墙保温等
抗震设防烈度（度）		010700	应描述建筑物的抗震防烈度

续表 7.4.1

<table>
<tr><th colspan="3">名称</th><th>编码</th><th>备注</th></tr>
<tr><td colspan="3">基础类型</td><td>010800</td><td>应描述为条形基础、独立基础、满堂基础、桩基、其他等</td></tr>
<tr><td colspan="3">是否使用商品混凝土</td><td>019901</td><td>应描述是、否</td></tr>
<tr><td colspan="3">是否使用预拌砂浆</td><td>019902</td><td>应描述是、否</td></tr>
<tr><td colspan="5">市政公用工程</td></tr>
<tr><td rowspan="6">道路工程</td><td colspan="2">面层材料</td><td>040101</td><td>应描述为水泥混凝土路面、沥青混凝土路面、其他路面</td></tr>
<tr><td colspan="2">道路长度</td><td>040102</td><td>单位为 m</td></tr>
<tr><td rowspan="4">道路宽度</td><td>道路总宽度</td><td>040103</td><td>单位为 m</td></tr>
<tr><td>车行道宽度</td><td>040104</td><td>单位为 m</td></tr>
<tr><td>人行道宽度</td><td>040105</td><td>单位为 m</td></tr>
<tr><td>绿化带宽度</td><td>040106</td><td>单位为 m</td></tr>
<tr><td rowspan="7">桥梁工程</td><td colspan="2">结构形式</td><td>040201</td><td>应描述为钢筋混凝土结构、钢结构、其他结构</td></tr>
<tr><td rowspan="3">桥长</td><td>桥梁总长</td><td>040202</td><td>单位为 m</td></tr>
<tr><td>最大跨长</td><td>040203</td><td>单位为 m</td></tr>
<tr><td>最小跨长</td><td>040204</td><td>单位为 m</td></tr>
<tr><td rowspan="3">桥宽</td><td>桥梁总宽</td><td>040205</td><td>单位为 m</td></tr>
<tr><td>车行道宽</td><td>040206</td><td>单位为 m</td></tr>
<tr><td>人行道宽</td><td>040207</td><td>单位为 m</td></tr>
<tr><td rowspan="3">涵洞工程</td><td colspan="2">结构形式</td><td>040301</td><td>应描述为砖石结构、钢筋混凝土结构、其他结构</td></tr>
<tr><td colspan="2">构造形式</td><td>040302</td><td>应描述为圆管涵、拱涵、盖板涵、箱涵、其他涵</td></tr>
<tr><td colspan="2">长度</td><td>040303</td><td>单位为 m</td></tr>
</table>

续表 7.4.1

名称			编码	备注
河堤挡墙工程	结构形式		040401	应描述为砖石结构、钢筋混凝土结构、其他结构
	长度		040402	单位为 m
	高度		040403	单位为 m
供水工程	供水管材质		040501	应描述为镀锌钢管、焊接钢管、无缝钢管、铸铁管、PVC-U塑料管、PE 管、其他管材
	主管长度		040502	单位为 m
	主管管径		040503	单位为 mm
	日供水能力		040504	单位为 m^3/d
排水工程	排水管材质		040601	应描述为镀锌钢管、焊接钢管、无缝钢管、铸铁管、PVC-U塑料管、PE 管、混凝土管、其他管材
	主管长度	总长	040602	单位为 m，不扣除井位
		污水主管长	040603	单位为 m
		雨水主管长	040604	单位为 m
	主管管径	污水主管管径	040605	单位为 mm
		雨水主管管径	040606	单位为 mm
	日处理能力		040607	单位为 m^3/d
燃气工程	燃气管材质		040701	应描述为焊接钢管、无缝钢管、PE 管、其他管材
	主管长度		040702	单位为 m
	主管管径		040703	单位为 mm
路灯工程	灯具总套数		040801	单位为套

续表 7.4.1

<table>
<tr><th colspan="2">名称</th><th>编码</th><th>备注</th></tr>
<tr><td colspan="2">是否使用商品混凝土</td><td>049901</td><td>应描述是、否</td></tr>
<tr><td colspan="2">是否使用预拌砂浆</td><td>049902</td><td>应描述是、否</td></tr>
<tr><td colspan="4">园林绿化工程</td></tr>
<tr><td colspan="2">绿化面积</td><td>050101</td><td>单位为 m^2</td></tr>
<tr><td colspan="2">养护期</td><td>050102</td><td>单位为天</td></tr>
<tr><td colspan="4">构筑物工程</td></tr>
<tr><td rowspan="8">池类</td><td>结构形式</td><td>060101</td><td>应描述为混凝土构筑物、钢筋混凝土结构、砌体构筑物、其他结构形式</td></tr>
<tr><td>形状</td><td>060102</td><td>应描述为圆形、方形、其他形状</td></tr>
<tr><td>池深</td><td>060103</td><td>单位为 m</td></tr>
<tr><td>底板厚度</td><td>060104</td><td>单位为 mm</td></tr>
<tr><td>壁厚</td><td>060105</td><td>单位为 mm</td></tr>
<tr><td>隔墙厚度</td><td>060106</td><td>单位为 mm</td></tr>
<tr><td>顶板类型</td><td>060107</td><td>应描述为无梁板、肋形板</td></tr>
<tr><td>混凝土强度</td><td>060108</td><td>应描述为 C10、C15、C20、C25、C30、C35、C40 等</td></tr>
<tr><td rowspan="2">贮仓（库）类</td><td>结构形式</td><td>060201</td><td>描述为砖结构、石结构、混凝土结构、钢筋混凝土结构、其他结构形式</td></tr>
<tr><td>仓类型</td><td>060202</td><td>应描述为四边形、圆形、其他形状</td></tr>
</table>

续表 7.4.1

名称		编码	备注
贮仓（库）类	底板厚度	060203	单位为 mm
	顶板类型	060204	应描述为有梁顶板、锥壳顶板、压型钢板-混凝土组合顶板
	基础混凝土强度	060205	应描述为 C10、C15、C20、C25、C30、C35、C40 等
烟囱	结构形式	060301	应描述为砖结构、钢筋混凝土结构、其他结构形式
	壁厚	060302	单位为 m
	高度	060303	单位为 m
水塔	结构形式	060401	应描述为钢结构、混凝土结构、钢筋混凝土结构、其他结构形式
	塔身形式	060402	应描述为筒式、柱式、其他形式
	高度	060403	单位为 m
是否使用商品混凝土		069901	应描述是、否
是否使用预拌砂浆		069902	应描述是、否
城市轨道交通工程			
土方工程	挖填方式	070101	应描述为人工开挖、机械开挖
	挖土深度	070102	单位为 m
	土方运距	070103	单位为 km
车站工程	结构形式	070201	应描述为地下、地上
区间工程	施工方式	070301	应描述为盾构法施工、明挖法施工、暗挖法施工、盖挖法施工、矿山法施工、其他施工方法

续表 7.4.1

名称			编码	备注
区间工程	长度		070302	单位为 km
	宽度		070303	单位为 m
	断面积		070304	单位为 m^2
	结构断面形式		070305	应描述圆形断面、马蹄形断面
	盾构机	型号	070306	应描述国产、进口
		吊拆次数	070307	单位为次
		盾构机大小	070308	—
		洞外运输	070309	单位为 km
	地下铁道	结构形式	070310	—
		长度	070311	单位为 km
		宽度	070312	单位为 m
	高架桥	结构形式	070313	—
		长度	070314	单位为 km
		宽度	070315	单位为 m
	有轨电车	结构形式	070316	—
	有轨电车	长度	070317	单位为 km
		宽度	070318	单位为 m
车辆段	车辆段形式		070401	应描述为地面、地下
	停车场容量		070402	—
是否使用商品混凝土			079901	应描述是、否
是否使用预拌砂浆			079902	应描述是、否

7.5 分部工程特征编码

7.5.1 单项工程属性中所描述的分部工程特征编码描述，应符合表 7.5.1 的规定。

表 7.5.1 分部工程特征编码

名称		编码
房屋建筑与装饰工程		
建筑工程	土石方工程	010101
	地基处理与边坡支护工程	010102
	桩基工程	010103
	砌筑工程	010104
	混凝土及钢筋混凝土工程	010105
	金属结构工程	010106
	木结构工程	010107
	门窗工程	010108
	屋面及防水工程	010109
	保温、隔热、防腐工程	010110
	其他建筑工程特征	010199
装饰工程	楼地面装饰工程	010201
	墙、柱面装饰与隔断、幕墙工程	010202
	天棚工程	010203
	油漆、涂料、裱糊工程	010204
	其他装饰工程	010205
	拆除工程	010206
	其他装饰工程特征	010299

续表 7.5.1

名称	编码
仿古工程	
砖作工程	020101
石作工程	020102
琉璃砌筑工程	020103
混凝土及钢筋混凝土工程	020104
木作工程	020105
屋面工程	020106
地面工程	020107
抹灰工程	020108
油漆彩画工程	020109
其他仿古工程特征	029900
通用安装工程	
机械设备安装工程	030101
热力设备安装工程	030102
静置设备与工艺金属结构制作安装工程	030103
电气设备安装工程	030104
建筑智能化工程	030105
自动化控制仪表安装工程	030106
通风空调工程	030107
工业管道工程	030108
消防工程	030109
给排水、采暖、燃气工程	030110
通信设备及线路工程	030111

续表 7.5.1

名称			编码
刷油、防腐蚀、绝热工程			030112
其他通用安装工程特征			039900
市政公用工程			
道路工程	土石方工程		040101
	路基处理		040102
	道路基层		040103
	道路面层		040104
	人行道及附属工程		040105
	交通管理设施		040106
	钢筋工程		040107
	拆除工程		040108
	其他道路特征		040199
桥梁工程	土石方工程		040201
	桩基		040202
	下部结构	承台	040203
		桥墩	040204
		盖梁	040205
		支座	040206
		边跨	040207
		中跨	040208
	桥面系	车行道	040209
		人行道	040210
		栏杆	040211

续表 7.5.1

名称		编码
桥梁工程	钢筋工程	040212
	拆除工程	040213
	其他桥梁特征	040299
供水工程	土石方工程	040301
	管道铺设	040302
	管件、钢支架制作、安装及新旧管连接	040403
	阀门、水表、消火栓安装	040304
	井类、设备基础及出水口砌筑	040305
	供水厂构筑物	040306
	供水厂设备安装	040307
	钢筋工程	040308
	拆除工程	040309
	其他供水工程特征	040399
排水工程	土石方工程	040401
	管道铺设	040402
	管件、钢支架制作、安装及新旧管连接	040403
	阀门、水表、消火栓安装	040404
	井类、设备基础及出水口砌筑	040405
	污水处理厂构筑物	040406
	污水处理厂设备安装	040407
	钢筋工程	040408
	拆除工程	040409
	其他排水工程特征	040499
燃气工程	土石方工程	040501
	管道铺设	040502

续表 7.5.1

名称		编码
燃气工程	管件、钢支架制作、安装及新旧管连接	040503
	阀门、水表、消火栓安装	040504
	井类、设备基础及出水口砌筑	040505
	钢筋工程	040506
	拆除工程	040507
	其他燃气工程特征	040599
路灯工程	土石方工程	040601
	电缆敷设	040602
	防雷及接地装置	040603
	配管配线	040604
	灯杆基础	040605
	灯杆安装	040606
	灯具安装	040607
	控制箱、配电箱安装	040608
	钢筋工程	040609
	拆除工程	040610
	其他路灯工程特征	040699
其他市政公用工程特征		049900
园林绿化工程		
绿化工程	绿地整理	050101
	栽植花木	050102
	绿地喷灌	050103
	苗木假植	050104
	绿化成活养护	050105

续表 7.5.1

名称	编码
园路、园桥工程	050200
园林景观工程	050300
其他园林绿化工程特征	059900
城市轨道交通工程	
路基、围护结构工程	070101
高架桥工程	070102
地下区间工程	070103
地下结构工程	070104
轨道工程	070105
通信工程	070106
信号工程	070107
供电工程	070108
智能与控制系统安装工程	070109
机电设备安装工程	070110
拆除工程	070111
其他城市轨道交通工程特征	079900
房屋建筑维修与加固工程	
土石方工程	080101
砖石工程	080102
混凝土及钢筋混凝土工程	080103
木结构加固	080104
金属加固构件	080105
屋面工程	080106
装饰工程	080107

续表 7.5.1

<table>
<tr><th colspan="2">名称</th><th>编码</th></tr>
<tr><td colspan="2">其他房屋维修与加固工程特征</td><td>089900</td></tr>
<tr><td colspan="3">爆破工程</td></tr>
<tr><td rowspan="4">露天爆破工程</td><td>石方爆破工程</td><td>090101</td></tr>
<tr><td>预裂爆破工程</td><td>090102</td></tr>
<tr><td>光面爆破工程</td><td>090103</td></tr>
<tr><td>挖装运工程</td><td>090104</td></tr>
<tr><td colspan="2">其他爆破工程特征</td><td>099900</td></tr>
</table>

7.6 费用类别编码

7.6.1 单位工程综合单价计算程序、单位工程费用汇总、分部分项清单、措施项目清单及规费和税金清单中的费用类别编码描述，应符合表 7.6.1 的规定。

表 7.6.1 费用类别编码

名称	编码	备注
一、总价	—	—
工程造价	1001	—
直接费	100101	—
定额直接费	100102	—
全费用综合单价	100103	—
创优质工程奖补偿奖励费	100104	—
分部分项及措施项目费合计	1002	包括分部分项清单及措施项目清单费用合计

续表 7.6.1

名称	编码	备注
分部分项清单费合计	100201	分部分项清单费用合计
措施项目清单费合计	100202	措施项目清单费用合计
单价措施清单费合计	100203	单价措施清单费用合计
分部分项及单价措施清单费合计	100204	包括分部分项清单及单价措施项目清单费用合计
分部分项包干费	100205	—
措施项目包干费	100206	—
人工费	1003	包括定额人工费、人工费调整、人工价差合计
定额人工费	100301	—
人工费调整	100302	人工费调整金额
人工价差	100303	—
材料费	1004	包括定额材料费、材料价差、主材费、设备费合计
定额材料费	100401	—
材料价差	100402	—
主材费	100403	—
设备费	100404	—
不计税设备	10040401	—
暂估材料费	100405	—
材料费综调	100406	材料费综调金额
施工机具使用费	1005	包括定额施工机具使用费及施工机具使用费价差的合计
定额施工机具使用费	100501	—

续表 7.6.1

名称	编码	备注
施工机具使用费价差	100502	—
施工机具使用费综调	100503	施工机具使用费综调金额
综合费	1006	—
管理费	100601	—
利润	100602	—
其他	100603	不能明确列入以上综合费中的费用
包干综合费	100604	包括人工、材料、机械、管理费、利润规费、税金、总价措施
甲供费用	1007	包括甲供材料费、甲供主材费、甲供设备费的合计
甲供材料费	100701	—
甲供主材费	100702	—
甲供设备费	100703	—
规费	1008	包括社会保障费、住房公积金、工程排污费及其他规费项目的合计
社会保障费	100801	—
养老保险费	10080101	—
失业保险费	10080102	—
医疗保险费	10080103	—
工伤保险费	10080104	—
生育保险费	10080105	—

续表 7.6.1

名称	编码	备注
住房公积金	100802	—
工程排污费	100803	—
其他规费	100804	不能明确列入以上规费中的费用
税金	1010	—
其他费	1011	—
二、总价措施费	—	—
总价措施费合计	2001	—
安全文明施工费	200201	—
环境保护费	20020101	—
文明施工费	20020102	—
安全施工费	20020103	—
临时设施费	20020104	—
夜间施工	200202	—
二次搬运	200203	—
冬雨季施工	200204	—
已完工程及设备保护费	200205	—
工程定位复测	200206	—
其他总价措施费	200207	—
三、其他项目费	—	—
其他项目合计	3001	—
暂列金额	3002	—
暂估价	3003	—

续表 7.6.1

名称	编码	备注
专业工程暂估价	300301	—
专业工程结算价	300302	—
材料（工程设备）暂估价	300303	—
计日工合计	3004	—
计日工人工费	300401	—
计日工材料费	300402	—
计日工机械费	300403	—
计日工综合费	300404	—
总承包服务费	3005	—
索赔与现场签证	3006	—
现场签证费	300601	—
索赔费	300602	—
其他项目费	3007	—

7.7 费用变量

7.7.1 单位工程费用汇总、总价措施项目、规费和税金清单中的计算基础表达式中费用计算变量的描述，应符合表 7.7.1 的规定。

表 7.7.1 费用计算变量表

名称	变量	备注
一、总价	—	—
工程造价	GCF	—

续表 7.7.1

名称	变量	备注
二、分部分项清单（预算表）	—	—
分部分项清单合计	FBFXGCF	—
人工费	RGF	包括分部分项清单（预算表）的定额人工费、人工费调整、人工费价差合计
定额人工费	DERGF	—
人工费调整	RGFZT	—
人工价差	RGJC	—
材料费	CLF	包括分部分项清单（预算表）的定额材料费、材料价差、主材费、设备费合计
定额材料费	DECLF	—
材料价差	CLJC	—
主材费	ZCF	—
设备费	SBF	—
不计税设备	BJSSB	—
暂估材料费	ZGCLF	—
材料费综调	CLFZT	—
施工机具使用费	JXF	包括分部分项清单（预算表）的定额施工机具使用费及施工机具使用费价差的合计
定额施工机具使用费	DEJXF	—
施工机具使用费价差	JXJC	—
施工机具使用费综调	JXFZT	—

续表 7.7.1

名称	变量	备注
综合费	ZHF	包括分部分项清单(预算表)的管理费及利润的合计
管理费	GLF	—
利润	LR	—
甲供材料费	JGCLF	—
甲供设备费	JGSBF	—
甲供主材费	JGZCF	—
包干费	BGGCF	包括清单包干费合计及措施包干费合价的合计
清单包干费合计	BGQDHJ	—
措施包干费合计	BGCSHJ	—
三、总价措施项目清单	—	—
总价措施费合计	ZJCSF	—
安全文明施工费	AQWMSGF	—
环境保护费	HJBHF	—
文明施工费	WMSGF	—
安全施工费	AQSGF	—
临时设施费	LSSS	—
夜间施工	YEJSG	—
二次搬运	ECBY	—
冬雨季施工	DYJSG	—
已完工程及设备保护费	YWSBBH	—
工程定位复测	GCDWFC	—

续表 7.7.1

名称	变量	备注
总价措施人工费	ZJCS_RGF	包括总价措施项目的定额人工费、人工费调整、人工费价差合计
总价措施定额人工费	ZJCS_DERGF	—
总价措施人工费调整	ZJCS_RGFZT	—
总价措施人工价差	ZJCS_RGJC	—
总价措施材料费	ZJCS_CLF	包括总价措施项目的定额材料费、材料价差、主材费、设备费合计
总价措施定额材料费	ZJCS_DECLF	—
总价措施材料价差	ZJCS_CLJC	—
总价措施主材费	ZJCS_ZCF	—
总价措施设备费	ZJCS_SBF	—
总价措施不计税设备	ZJCS_BJSSB	—
总价措施暂估材料费	ZJCS_ZGCLF	—
总价措施施工机具使用费	ZJCS_JXF	包括总价措施项目的定额施工机具使用费及施工机具使用费价差的合计
总价措施定额施工机具使用费	ZJCS_DEJXF	—
总价措施施工机具使用费价差	ZJCS_JXJC	—
总价措施综合费	ZJCS_ZHF	包括总价措施项目的管理费及利润的合计
总价措施管理费	ZJCS_GLF	—
总价措施利润	ZJCS_LR	—

续表 7.7.1

名称	变量	备注
四、单价措施项目清单	—	—
单价措施费合计	DJCSF	—
单价措施人工费	DJCS_RGF	包括单价措施项目的定额人工费、人工费调整、人工费价差合计
单价措施定额人工费	DJCS_DERGF	—
单价措施人工费调整	DJCS_RGFZT	—
单价措施人工价差	DJCS_RGJC	—
单价措施材料费	DJCS_CLF	包括单价措施项目的定额材料费、材料价差、主材费、设备费合计
单价措施定额材料费	DJCS_DECLF	—
单价措施材料价差	DJCS_CLJC	—
单价措施主材费	DJCS_ZCF	—
单价措施设备费	DJCS_SBF	—
单价措施不计税设备	DJCS_BJSSB	—
单价措施暂估材料费	DJCS_ZGCLF	—
单价措施施工机具使用费	DJCS_JXF	包括单价措施项目的定额施工机具使用费及施工机具使用费价差的合计
单价措施定额施工机具使用费	DJCS_DEJXF	—
单价措施施工机具使用费价差	DJCS_JXJC	—
单价措施综合费	DJCS_ZHF	包括单价措施项目的管理费及利润的合计
单价措施管理费	DJCS_GLF	—

续表 7.7.1

名称	变量	备注
单价措施利润	DJCS_LR	—
五、其他项目清单	—	—
其他项目合计	QTXMHJ	—
暂列金额	ZLJE	—
暂估价	ZGJ	—
专业工程暂估价	ZYGCZG	—
专业工程结算价	ZYGCJS	—
计日工合计	JRG	—
计日工人工费	JRGRGF	—
计日工材料费	JRGCLF	—
计日工机械费	JRGJXF	—
计日工综合费	JRGZHF	—
总承包服务费	ZCBFWF	—
索赔与现场签证	SPQZHJ	—
现场签证费	XCQZ	—
索赔费	SPF	—
其他项目费	QTXMF	—
六、规费及税金	—	—
规费	GF	—
税金	SJ	—

7.7.2 综合单价计算程序中的计算基础表达式描述，应符合表7.7.2的规定。

表 7.7.2 综合单价计算程序变量表

名称	变量	备注
人工费	RGF	包括定额人工费、人工费调整、人工费价差合计
定额人工费	DERGF	—
人工费调整	RGFZT	—
人工价差	RGJC	—
材料费	CLF	包括定额材料费、材料价差、主材费、设备费合计
定额材料费	DECLF	—
材料价差	CLJC	—
主材费	ZCF	—
设备费	SBF	—
不计税设备	BJSSB	—
暂估材料费	ZGCLF	—
施工机具使用费	JXF	包括定额施工机具使用费及施工机具使用费价差的合计
定额施工机具使用费	DEJXF	—
施工机具使用费价差	JXJC	—
综合费	ZHF	包括管理费及利润的合计
管理费	GLF	—
利润	LR	—
甲供材料费	JGCLF	—
甲供设备费	JGSBF	—
甲供主材费	JGZCF	—

7.8 清单类别编码

7.8.1 分部分项清单、措施项目清单中的清单类别编码描述，应符合表 7.8.1 的规定。

表 7.8.1 清单项目类别编码

名称	编码	备注
《建设工程工程量清单计价规范》GB50500-2013	GB50500-2013	—
《建设工程工程量清单计价规范》GB50500-2008	GB50500-2008	—
自编清单	ZBQD	—

注：由于清单不断更新换代，对于新推出的清单规范，若此表中涵盖不完全的，编码按清单规范的国家标准号进行描述。

7.9 定额专业类别编码

7.9.1 定额子目的专业类别编码描述，应符合表 7.9.1 的规定。

表 7.9.1 定额专业类别编码

名称	简称	编码	备注
2015 年《四川省建设工程工程量清单计价定额》（房屋建筑与装饰工程）	建筑装饰 2015	JZZS2015	—
2015 年《四川省建设工程工程量清单计价定额》（仿古建筑工程）	仿古建筑 2015	FG2015	—
2015 年《四川省建设工程工程量清单计价定额》（通用安装工程）	安装 2015	AZ2015	—
2015 年《四川省建设工程工程量清单计价定额》（市政工程）	市政 2015	SZ2015	—
2015 年《四川省建设工程工程量清单计价定额》（园林绿化工程）	园林 2015	YL2015	—

续表 7.9.1

名称	简称	编码	备注
2015 年《四川省建设工程工程量清单计价定额》(构筑物工程)	构筑物 2015	GZW2015	—
2015 年《四川省建设工程工程量清单计价定额》(城市轨道交通工程)	轨道交通 2015	GD2015	—
2015 年《四川省建设工程工程量清单计价定额》(爆破工程)	爆破 2015	BP2015	—
2015 年《四川省建设工程工程量清单计价定额》(房屋建筑维修与加固工程)	房修加固 2015	FXJG2015	—
2009 年《四川省建设工程工程量清单计价定额》(建筑工程)	建筑 2009	JZ2009	—
2009 年《四川省建设工程工程量清单计价定额》(装饰装修工程)	装饰 2009	ZS2009	—
2009 年《四川省建设工程工程量清单计价定额》(安装工程)	安装 2009	AZ2009	—
2009 年《四川省建设工程工程量清单计价定额》(市政工程)	市政 2009	SZ2009	—
2009 年《四川省建设工程工程量清单计价定额》(园林绿化工程)	园林 2009	YL2009	—
2009 年《四川省建设工程工程量清单计价定额》(措施项目)	措施 2009	CS2009	—
2008 年《四川省屋建筑抗震加固工程计价定额》	抗震加固 2008	KZJG2008	—
自编定额	自编定额	ZBDE	自编定额不区分定额年份

注：由于定额不断更新换代，对于新推出的建设工程定额，若此表中涵盖不完全的，编码按定额专业的简称的拼音首字母 + 定额年份来进行编码。

7.10 材料供应方式编码

7.10.1 工料机汇总中的材料供应方式编码描述，应符合表7.10.1的规定。

表7.10.1 材料供应方式编码

名称	编码	备注
自购	1	表示承包人采购的工料机
甲供	2	表示发包人提供的工料机
其他	3	—

7.11 工料机类别编码

7.11.1 工料机汇总中的工料机类别编码描述，应符合表7.11.1的规定。

表7.11.1 工料机类别编码

名称	编码	备注
人工	1	—
材料	2	—
机械	3	—
主材	4	—
设备	5	—
其他	6	—

7.12 工料机指标类别编码

7.12.1 工料机汇总中的材料指标类别编码描述，应符合表7.12.1的规定。

表 7.12.1 材料指标类别

分类名称	编码
综合用工	0001
建筑、装饰工程用工	0003
安装用工	0005
市政用工	0007
园林绿化用工	0009
市场劳务价格	0020
实物量劳务价格	0050
黑色及有色金属	01
橡胶、塑料及非金属材料	02
五金制品	03
水泥、砖瓦灰砂石及混凝土制品	04
木、竹材料及其制品	05
玻璃及玻璃制品	06
墙砖、地砖、地板、地毯类材料	07
装饰石材及石材制品	08
墙面、天棚及屋面饰面材料	09
龙骨、龙骨配件	10
门窗及楼梯制品	11
装饰线条、装饰件、栏杆、扶手及其他	12
涂料及防腐、防水材料	13
油品、化工原料及胶粘材料	14

续表 7.12.1

分类名称	编码
绝热（保温）、耐火材料	15
吸声及抗辐射材料	16
管材	17
管件及管道用器材	18
阀门	19
法兰及其垫片	20
洁具及燃气器具	21
水暖及通风空调器材	22
消防器材	23
仪表及自动化控制	24
灯具、光源	25
开关、插座	26
保险、绝缘材料	27
电线电缆及光纤光缆	28
电气线路敷设材料	29
弱电及信息类器材	30
仿古建筑材料	31
园林绿化	32
成型构件及加工件	33
电极及劳保用品等其他材料	34
周转材料及工具	35

续表 7.12.1

分类名称	编码
道路专用材料	36
轨道交通专用材料	37
通风空调设备	50
泵、供水设备	51
热水、采暖锅炉设备	52
水处理及环保设备	53
厨房设备	54
电气设备及附件	55
电梯	56
安防及建筑智能化设备	57
轨道交通专用设备	58
体育休闲设施	59
砼、砂浆及其他配合比材料	80
仪器仪表	87
工程机械台班	99

8 数据结构

8.1 清单计价数据结构格式

8. 1. 1 组成清单计价建设项目XML文件的数据内容应符合本标准第4章的规定，其具体表现形式如图8.1.1所示。

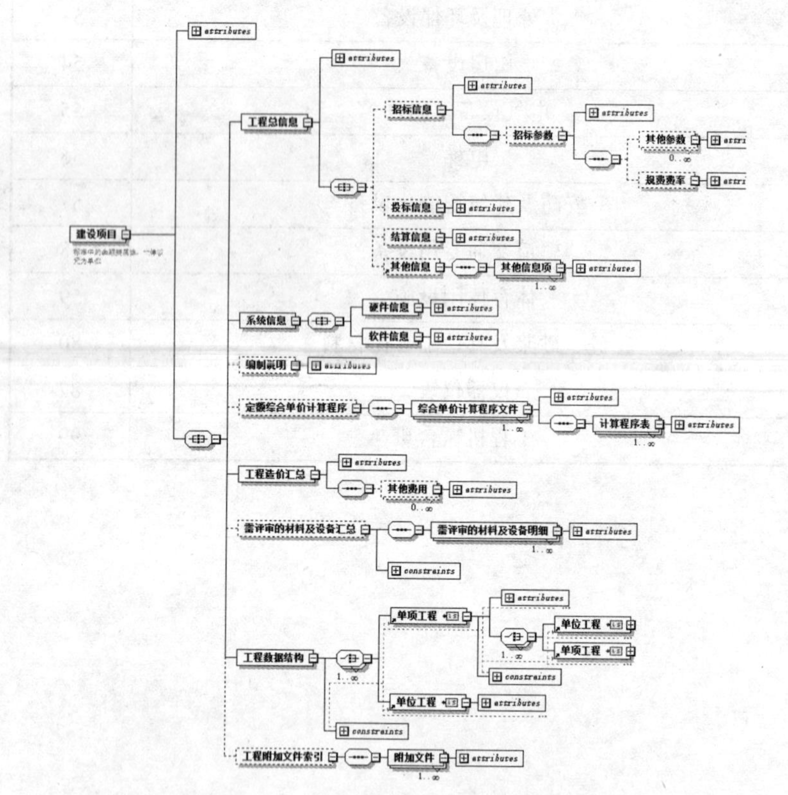

图8.1.1 建设项目数据结构表现形式

8.1.2 组成清单计价单项工程XML文件的数据内容应符合本标准第4章的规定，其具体表现形式如图8.1.2所示。

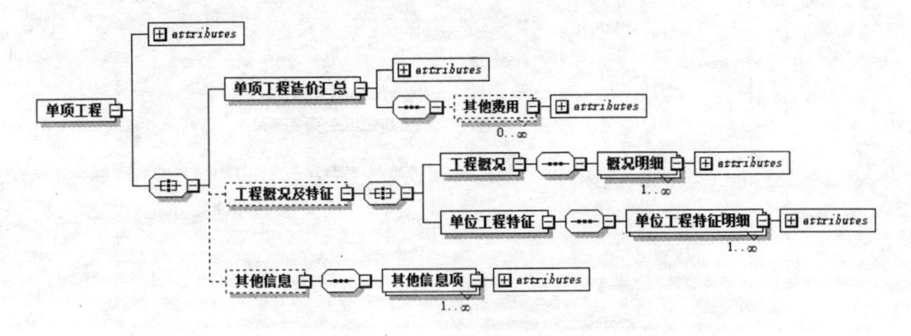

图8.1.2 单项工程数据结构表现形式

8.1.3 组成清单计价单位工程XML文件的数据内容应符合本标准第4章的规定，具体表现形式如图8.1.3所示。

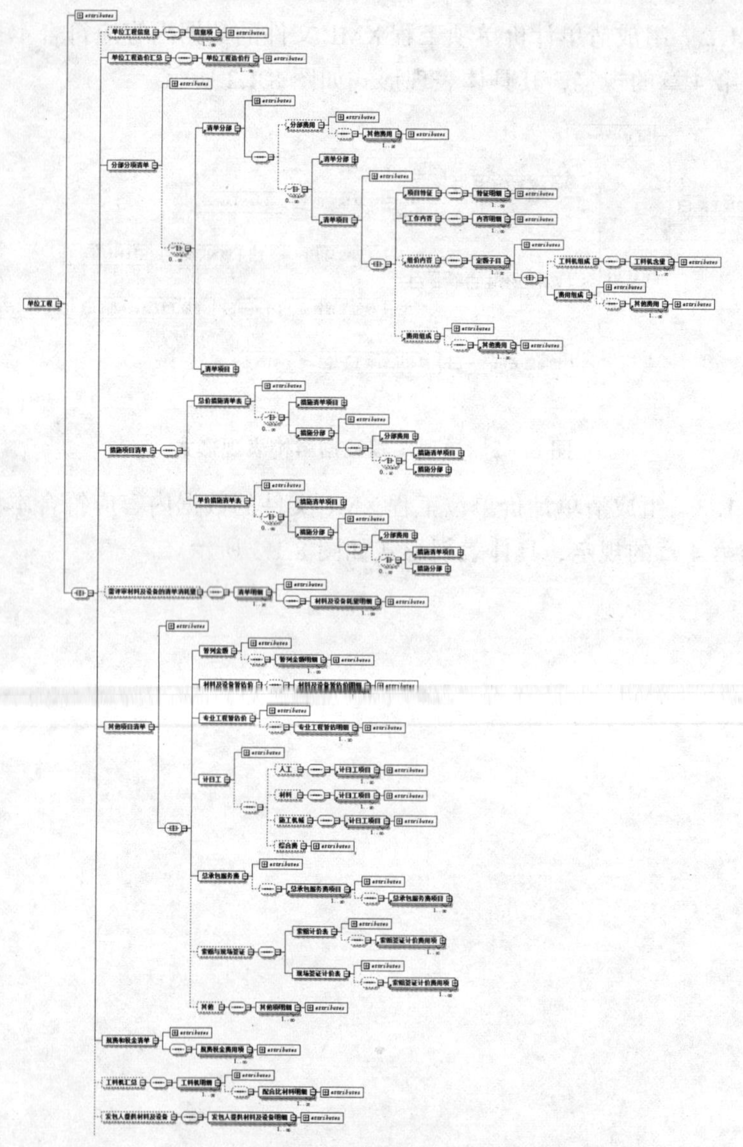

图 8.1.3　单位工程数据结构表现形式

8.2 定额计价数据结构格式

8.2.1 组成定额计价建设项目 XML 文件的数据内容应符合本标准第 4 章的规定，具体表现形式如图 8.2.1 所示。

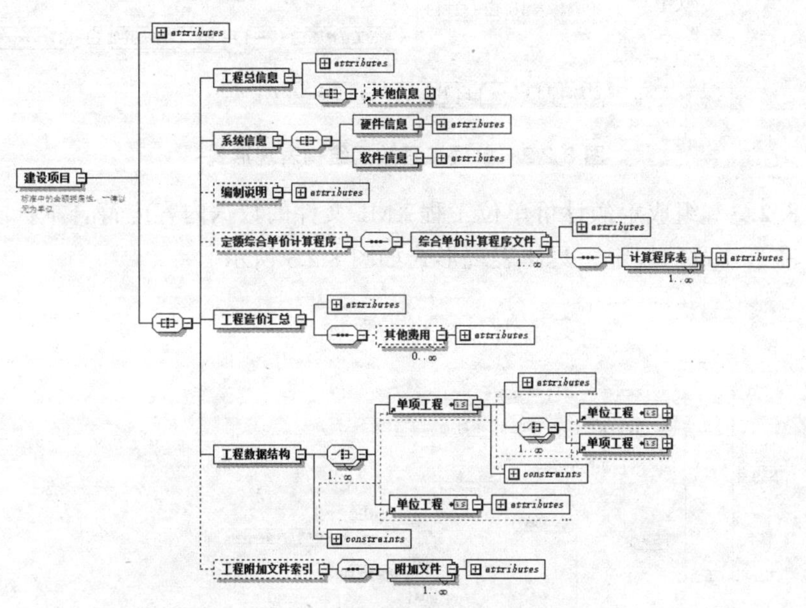

图 8.2.1 建设项目数据结构表现形式

8.2.2 组成定额计价单项工程 XML 文件的数据内容应符合本标准第 4 章的规定，具体表现形式如图 8.2.2 所示。

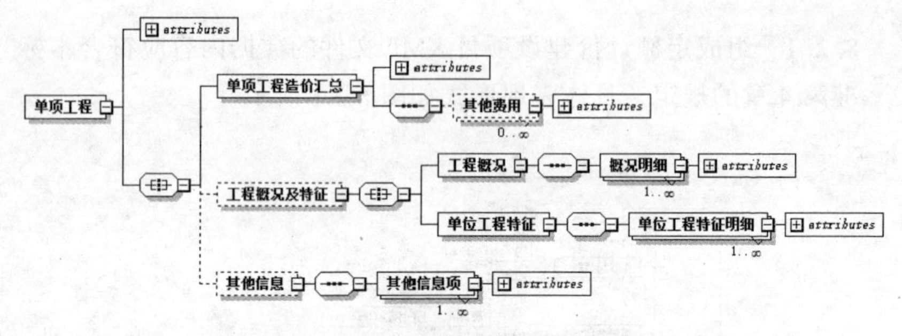

图 8.2.2　单项工程数据结构表现形式

8.2.3　组成定额计价单位工程 XML 文件的数据内容应符合本标准第 4 章的规定，具体表现形式如图 8.2.3 所示。

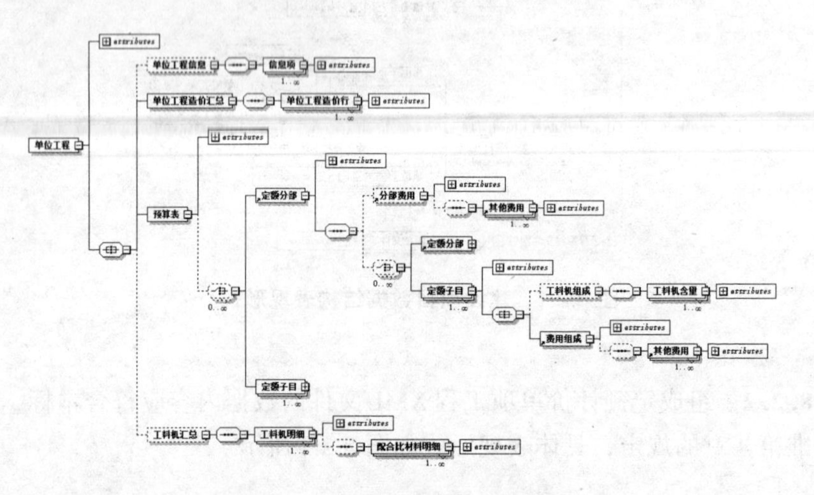

图 8.2.3　单位工程数据结构表现形式

本标准用词说明

1 为便于在执行本标准条文时区别对待，对要求严格程度不同的用词说明如下：

1）表示很严格，非这样做不可的用词：

正面词采用“必须”，反面词采用“严禁”；

2）表示严格，在正常情况下均应这样做的用词：

正面词采用“应”，反面词采用“不应”或“不得”；

3）表示允许稍有选择，在条件许可时首先应这样做的用词：

正面词采用“宜”，反面词采用“不宜”；

4）表示有选择，在一定条件下可以这样做的用词，采用“可”。

2 本标准中指明应按其他有关标准、规范执行的写法为：“应符合……的规定”或“应按……执行”。

引用标准名录

1 《建设工程工程量清单计价规范》GB 50500

2 《建设工程计价设备材料划分标准》GB/T 50531

3 《建设工程分类标准》GB/T 50841

4 《工程造价术语标准》GB/T 50875

四川省工程建设地方标准

四川省建设工程造价电子数据标准

DBJ51/T048 – 2015

条 文 说 明

目　次

1 总 则

1.0.1 本条规定了制定本标准的目的。

1.0.2 本条规定了本标准的编制依据。

1.0.3 本条规定了本标准的适用范围。

1.0.4 本条说明了本标准与其他标准的关系。

3 基本规定

3.0.1 本条规定了编制工程造价文件对应的数据类型。

3.0.2 本条规定了金额类属性的单位。

3.0.3 数据类型、工程专业、工程类别、工程概况、分部工程特征、费用类别、清单类别、定额专业类别、材料供应方式、工料机类别和工料机指标类别的编码分别采用表 7.1.1、表 7.2.1、表 7.3.1、表 7.4.1、表 7.5.1、表 7.6.1、表 7.8.1、表 7.9.1、表 7.10.1、表 7.11.1、表 7.12.1 的编码进行描述；费用变量采用表 7.7.1 的变量进行描述。

3.0.4 对本条规定，说明如下：

1 表 7.7.1 中的费用变量是指用于单位工程费汇总和规费和税金清单中的变量；

2 表 7.7.2 中的费用变量是指用于定额综合单价计算程序中的变量；

3 行变量是指用于定义引用相关费用数据行的金额值；

4 费率是指用于引用所在数据行的费率值。

3.0.5 费率是指建设工程项目中，按指定取费基数来计算相关费用的费率值，例如：数值“3.48”表示“3.48%”。

3.0.6 本条规定数值类型的属性计算结果时保留小数位数采用的规则是四舍五入规则。

3.0.8 本条规定在需评审的材料及设备汇总及各暂估价材料明细中，同一材料代码的材料在一个标段中只有唯一的招标编码。

3. 0. 9 本条规定了本标准内容的共性要求。

3. 0. 10 本条规定了本标准所生成文件采用的存储格式。

3. 0. 11 对本条规定，说明如下：

1 XSD 指的是 XML 的模式定义，它规定了 XML 文件中的元素的描述方式，用于描述 XML 文档的结构。这一描述可用来验证文件内容中各个项目与其内容将被取代的元素的描述是否一致。

2 由该标准所生成的电子数据文件，需要符合规定所要求的 XSD 文件格式。

3. 0. 13 对本条规定，说明如下：

1 由该标准所生成的数据文件，与建设项目的文件对应关系，数据标准生成的工程由一个“Project”、若干以“@_”文件名开头的文件组成。

2 数据标准的签名方式，只对一个“Project”及若干以“@_”文件名开头的文件进行签名，对附件不做签名要求。

3 对工程数据完成签名后，签名后所生成的文件为“_Sign_.dat”。

4 本条规定由该标准所生成的电子数据文件，采用 ZIP 格式进行压缩。

5 经压缩后的数据文件扩展名为 cjz，清单计价和定额计价工程文件均采用同一个扩展名。

4 建设项目数据

4.1 一般规定

4.1.1 本条规定了使用造价工程生成数据标准的建设项目数据节点时，所包含的节点内容。

4.1.2 本条规定工程总信息包含的节点内容，在不同数据类型时，需描述不同的节点。

4.2 建设项目信息

4.2.1 本条规定了在建设项目属性中应描述的内容：

1 工程规模指的是根据工程类型的特征进行描述的建筑面积、长度、宽度等，并在进行描述时应填写上工程规模的单位；

2 标准名称、版本号供计算机软件内部使用需要；

3 计价标准应描述工程计价的方式，描述为文字“清单计价”或“定额计价”。

4.3 工程总信息

4.3.1 本条规定了工程总信息中包括的节点信息内容。

4.3.2 对本条规定，说明如下：

1 招标参数中描述百分比变量的单位为百分比。

2 规费费率中各项变量名称指的是招标人对各项规费费

用指定的费率值。

3 其他参数描述的内容为文本形式。

4.3.6 其他信息可对建设项目信息内容进行补充描述，描述名称及内容。

4.4 系统信息

4.4.2 本条规定了标准文件中硬件信息应描述的内容：

1 机器码指的是计价软件生成数据标准时记录的计算机硬件信息的唯一识别码，包括CPU、硬盘的信息。生成电子数据文件时由各计价软件自动读取，例如：CPU:A7EA09EA-HDD:SB1D4CAWJDHJJD；

2 IP地址指的是生成数据标准的计算机IP地址。

4.4.3 本条规定了标准文件中软件信息应描述的内容：

1 软件名称指的是编制工程计价使用的计价软件名称，例如：鹏业预算通i9；

2 软件版本指的是编制工程计价使用的计价软件的版本号，例如：V9.3.2.167；

3 创建日期指的是生成数据标准时的计算机系统日期；

4 软件编号可记录生成电子数据标准的工程计价软件的加密锁信息或其他能识别编制工程的计价软件为正版的标识。

4.5 编制说明

4.5.1 内容中应用文本的方式描述建设工程项目计价情况，不对表格数据做存储。

4.6 定额综合单价计算程序

4.6.1 定额综合单价计算程序用于规定工程中的定额子目综合单价计算方式。

4.6.2 在一个标段中，可按工程专业类别或工程取费形式，将综合单价计算费用程序分为多个，用于定义不同专业或不同计价方式的定额子目综合单价计算方式。

4.6.3 名称指的是综合单价计算程序文件的名称。

4.6.5 表 4.6.5 仅作为各计价软件编制定额综合单价计算方式时参考，应按四川省相应计价办法对定额综合单价计算方式进行定义。

4.7 工程造价汇总

4.7.1 本条规定了建设项目的工程造价汇总中的所有金额，都从单项工程的对应费用汇总。

4.7.3 其他需在工程造价汇总中体现的费用，可在其他费用中进行费用名称及金额的描述，例如：描述定额人工费合价及其对应金额。

4.8 需评审的材料及设备汇总

4.8.1 同种材料指的是具有相同材料名称、规格型号、单位、材料单价、产地、厂家、品种和质量档次的材料将数量进行合并。

4.9 工程数据结构

4.9.1 本条规定工程结构由单项工程及单位工程组成，且至少应包括一个单项工程或单位工程。

4.9.2 本条规定工程结构中，单项工程数据可由单项工程数据及单位工程数据组成。

4.9.4 本条规定了单项工程的描述方式：

1 名称指的是显示在工程结构的单项节点名称；

2 文件名称指的是数据包中关联的单项工程数据文件的文件名称。

4.9.5 本条规定了单位工程的描述方式：

1 名称指的是显示在工程结构的单位节点名称；

2 文件名称指的是数据包中关联的单位工程数据文件的文件名称。

4.10 工程附加文件索引

4.10.1 电子数据标准工程中，可以存储与工程相关的附加文件。

4.10.2 对附加文件的描述，说明如下：

1 文件名称指的是存储到标准中附加文件的文件名称；

2 标识指的是附加文件的扩展名，例如：DOC，DOCX，JPG 等；

3 关联工程名称填写与附件关联的单项或单位工程的文件名称，不填写表示与工程项目关联。

5 单项工程数据

5.1 一般规定

5.1.1 本条规定了单项工程数据中应包括的节点内容。

5.1.2 本条规定单项工程文件名称在工程数据结构的单项工程节点中的有唯一与之对应的名称。

5.2 单项工程属性

5.2.1 本条规定单项工程属性应描述的内容：

1 工程名称指的是当前单项工程的工程名称。

2 描述工程类别时，只需填写对应的编码，例如：别墅时填写 010101。

3 工程规模指的是单项工程的整体规模大小，例如：一栋楼的建筑面积 1 000 m^2，桥梁道路的长度 100 m 等。

5.3 单项工程造价汇总

5.3.1 单项工程造价汇总是该单项工程的所有单位工程对应金额汇总。

5.3.3 其他需在单项工程造价汇总中体现的费用，可在其他费用中进行费用名称及金额的描述，例如：描述定额人工费合价及其对应金额。

5.4 工程概况及特征

5.4.1 单项工程的工程概况及特征应在工程概况性特征的工程概况和分部工程特征中分别进行描述。

5.4.2 描述建设项目中，单项工程的主要概况，例如：建筑面积、结构类型、基础类型等。

5.4.3 分部工程特征应描述建设项目中，单项工程的主要分部工程的特征内容，例如：土（石）方工程、砌筑工程、屋面及防水工程的主要特征内容等。

5.5 其他信息

5.5.1 本条规定需补充描述的单项工程信息，可在其他信息中进行描述。

6 单位工程数据

6.1 一般规定

6.1.1 本条规定电子数据标准文件中，单位工程中应包括的内容。

6.1.2 本条规定单位工程文件名称在工程数据结构的单位工程节点中的有唯一与之对应的名称。

6.1.3 材料代码指的是工程文件中记录及区分材料信息的一串由数字和字母组成的编码。本条规定了材料代码在同一单位工程中，必须是唯一的。

6.1.4 单价指的是工料机汇总中的定额单价和材料单价。

6.1.5 配合比材料在定额子目的材料分析中不需要体现二次分析的明细关系，但在工料机汇总表需要将配合材料及二次分析的组成明确。

6.1.6 本条规定了定额工程量，按定额单位的计量单位进行计量，例如：定额单位为 10 m，在描述定额工程量时，应按定额单位换算进行。

6.1.7 本条规定了定额子目有工程量计算式时，其计算过程应按自然单位描述，例如：定额单位为 10 m，工程量计算式所描述的结果应按 m 为单位。

6.1.8 对本条规定说明如下：

1 定额综合单价计算程序宜参照表 4.6.5 定额综合单价计算程序示例进行定义；

2　定额综合单价的计算方法，需按照综合单价计算程序中所对应的方式进行计算；

3　每个定额子目都有与之对应的综合单价计算程序 ID。

6.1.9　本条对配合比材料单价的计算方式做出规定，配合比材料的单价应由其组成明细材料单价分别乘耗量的结果汇总后，再四舍五入保留 3 位小数。

6.1.10　对本条规定，说明如下：

1　综合单价指的是清单项目综合单价、措施清单项目综合单价和定额子目综合单价；

2　综合合价指的是清单项目综合合价、措施清单项目综合合价和定额子目综合合价；

3　综合单价和综合合价的组成明细包括人工费、材料费、施工机具使用费、综合费等费用。

6.1.11　本条规定了单位工程造价汇总及规费和税金清单表中的“排序号”的编码方式，应符合以下规定：

1　同一层次的费用行，其排序号编码规则应按阿拉伯数字 1、2、3 的顺序进行描述；

2　若费用行是其他费用的子项，则其排序号在进行编码时，应将其父项费用的排序号加“.”作为编码前缀，如：1.1、1.2、1.3 或 1.1.1、1.1.2、1.1.3。

6.2　单位工程属性

6.2.1　进行工程专业描述时，需填写表 7.2.1 中对应的编码，例如：房屋建筑与装饰工程时填写 01。

6.3 单位工程信息

6.3.1 单位工程中需描述的主要信息内容，可在单位工程信息中进行描述，需描述对应的名称及内容。

6.5 分部分项清单

6.5.1 本条规定了分部分项清单至少包括一条分部名称或清单项目。

6.5.2 合计指的是单位工程所有清单项目综合合价金额合计；材料及设备暂估价合计指的是分部分项清单暂估材料及设备的暂估价金额合计。

6.5.3 本条规定清单分部层次下可以同时存在清单分部与清单项目。

6.5.4 本条中的其他费用指的是分部费用的补充描述。

6.5.5 本条规定了清单项目的组成内容，说明如下：

1 综合合价 = 综合单价 × 工程量；

2 清单项目的费用组成项在计价软件中计算出结果后生成。

6.5.6 对本条规定的内容，说明如下：

1 原始定额调整后，在定额编号中需明确定额是经过换算的，以定额号加换字的方式，标记出定额换算的方式，例如：AC0001 换；

1）材料增删、名称修改、消耗量修改、定额运算、定额系数增减等导致定基价发生改变的情况时，定额编码应加“换”字；

2）主材或设备进行增删、名称修改、消耗量修改时，定额编码不应加“换”字；

2　定额子目的换算描述指的是定额修改情况的简单描述，例如：人工×1.2；

3　定额子目的单价构成文件 ID 来自综合单价计算程序已有的 ID 号，用以标明定额的价格组成方式；

4　工料机组成指的是组成定额的工料机的描述，说明如下：

1）关联材料代码指的是来源于工料机汇总中的材料代码；

2）消耗量指的是材料在定额子目下的单位耗量；

3）数量指的是材料在定额子目下的实际用量。

5　对工料机组成的数量计算方式说明如下：

1）标记为 1 时，表示材料按消耗量计算，即在定额下，材料填写的是消耗量，材料数量=材料消耗量×定额工程量；

2）标记为 2 时，表示材料按实际数量计算，即在定额下，材料直接填写的实际数量，不随定额工程量变化而改变，需要由材料数量反算出材料的消耗量，材料消耗量=材料数量÷定额工程量；

3）所有工料机组成都需要将数量和消耗量同时列出。

6.6　措施项目清单

6.6.1　本条规定措施项目清单由总价措施清单和单价措施清单两部分组成。

6.6.4　本条规定总价措施清单表和单价措施清单表都由措施清单项目和措施分部组成，按不同的记取方式进行描述，说明如下：

1 措施项目清单按取费基数×费率计取时，可对项目编码、项目名称、计量单位、工程量、取费基础表达式、取费基础说明、取费基础金额、费率、综合合价、调整费率、调整后金额、费用类别、清单类别、按费率计取及备注进行描述，不应对其属性进行描述，按费率计取应描述为True；

2 按综合单价形式计算清单综合单价的措施清单项目，可对项目编码、项目名称、计量单位、工程量、工程量计算式、综合单价、综合合价、人工费调整费率、已标价工程量、已标价综合单价、已标价人工费、已标价材料费、已标价施工机具使用费、已标价综合费、主要清单标志、清单类别、按费率计取及备注进行描述，不应对其属性进行描述，按费率计取应描述为False；

3 计算基础表达式指的是措施项目清单按取费基数×费率计取时，计算取费基础金额的计算公式；

4 计算基础说明指的是描述该总价措施计算基础表达式的文字描述，例如：分部分项清单定额人工费＋单价措施项目清单定额人工费；

5 按取费基础×费率计取的措施项目单位为“项”；

6 按取费基础×费率计取的措施项目工程量为1；

7 调整费率和调整后金额可在数据类型为竣工结算时进行描述，其他数据类型不应描述。

6.7 需评审材料及设备的清单消耗量

6.7.1 本条规定，在需评审材料及设备的清单消耗量时，应描述其清单明细及清单对应的材料及设备耗量明细内容。

6.7.3 对清单明细的描述的内容说明如下：

1 项目编码指的是分部分项清单中清单项目的项目编码，是唯一编码；

2 项目名称、计量单位及工程量分别指的是本表项目编码与分部分项清单中清单项目的项目编码对应项目的项目名称、计量单位及工程量。

6.7.4 对材料及设备耗量明细的说明如下：

1 材料及设备耗量描述的是清单项目下所有需评审的材料及设备内容，包括招标编码、关联材料代码、消耗量、材料名称、规格型号、单位及单价；

2 招标编码与需评审的材料及设备汇总中的招标编码对应；

3 消耗量指的是需评审材料及设备在清单项目中，单位清单材料耗量，消耗量＝清单材料总数量÷清单工程量。

6.8 其他项目清单

6.8.1 本条规定了其他项目清单应包括的数据内容；其他指的是其他项目清单需要描述的其他费用项目的明细。

6.8.4 对材料及设备暂估价的说明如下：

1 招标编码指的是确定暂估材料及设备唯一性的编码；

2 关联材料代码与工料机汇总中的材料代码对应。

6.8.5 招标编码指的是确定专业工程暂估价项唯一性的编码。

6.8.6 对计日工项目的描述，说明如下：

1 招标编码指的是确定计日工项唯一性的编码；

2 取费基数指的是计算暂定合价或实际合价的方式，例如：

1）取费基数为 1 时，表示综合费的取费基数为Σ（人工费）；

2）取费基数为 1+3 时，表示综合费的取费基数为Σ（人工费＋机械费）。

6.8.7 总承包服务费的描述应符合以下规定：

1 招标编码指的是确定总承包服务费项唯一性的编码；

2 总承包服务费项目包含子项总承包服务费项目时，其金额从明细汇总。

6.8.8 依据指的是经双方认可的签证单或索赔依据的编号。

6.9 规费和税金清单

6.9.1 规费合计指的是规费项目的金额合计；税金合计指的是税金项目的金额合计。

6.9.2 本条规定了规费和税金清单应包含的内容：

1 名称按四川省现行建筑工程相关计价规范的规定描述；

2 计算公式指的是计算基数金额的计算公式；

3 计算基础说明指的是所在费用行的文字描述。

6.10 工料机汇总

6.10.1 本条规定数据类型为招标工程量清单、招标控制价（不含组价）时，单位工程数据中不应包括工料机汇总的明细内容。

6.10.2 本条规定了工料机汇总表应包括的内容：

1 代码是各计价软件用于区分不同工程材料的标识，根据采用的计价软件进行编制；

2 单价不由明细计算标志指的是配合比材料的单价是否由其对应的二次解析材料组成计算出来，为 True 时表示材料不由其二次解析材料组成计算；

3 主要材料标志指的是材料及设备是否需要进行评审的标志，为 True 表示需要评审；

4 材料暂估标志指的是材料及设备是否为暂估材料的标志，为 True 表示是暂估材料；

5 单位系数指的是将材料的数量转换为与所描述的材料指标分类的换算系数；

6 供应方式指的是材料在工程中的供应方式,按表 7.10.1 的规定描述；

7 材料单价指的是记录工程计价的不同阶段材料的单价金额，可以是投标价、确认价、控制价等。

8 价格来源指的是描述材料单价的依据或来源，例如：市场询价、2015 年四川省工程造价信息第 8 期等。

6.10.3 本条规定了表达配合比材料和机械台班的二次分析材料的组成需描述的内容。

6.12 承包人采购主要材料及设备

6.12.2 造价信息差额法与价格指数差额法应依据《建设工程工程量清单计价规范》GB50500 中的相关规定，选择其中一种方式填写。

6.12.3 本条规定造价信息差额法中应包含的内容：

1 风险系数指的是材料所约定的风险系数，单位为百分比；

2 基准单价指的是材料所约定的计算风险系数的基准单价。